ANATOMY BOOK
OF HOUSE RENOVATION

户型改造解剖书

武宏达 编

U0320626

中国电力出版社
www.cepp.sgcc.com.cn

内 容 提 要

　　全书分两个大的章节。第一章节分七个小节，分别囊括了客厅、餐厅、卧室、书房、厨房、卫生间、玄关及过道等七处空间，列举了六十六个常见的格局问题，通过户型图解析，实景案例展示的形式，一一进行解答。第二章节挑选了五个知名设计师的改造案例，通过设计师来讲解一套完整户型的改造思路与装饰技巧，并提出缺陷户型的各种解决办法。

图书在版编目（CIP）数据

　　户型改造解剖书 / 武宏达编 . — 北京：中国电力
出版社，2017.10
　　ISBN 978 - 7 - 5198 - 1185 - 3

　　Ⅰ . ①户…　Ⅱ . ①武…　Ⅲ . ①住宅－室内装饰设计
Ⅳ . ① TU241

　　中国版本图书馆 CIP 数据核字（2017）第 237068 号

出版发行：中国电力出版社出版发行
地　　址：北京市东城区北京站西街 19 号（邮政编码 100005）
网　　址：http://www.cepp.sgcc.com.cn
责任编辑：曹　巍　联系电话：010 - 63412609
责任校对：郝军燕
责任印制：杨晓东

印　　刷：北京盛通印刷股份有限公司
版　　次：2017 年 10 月第一版
印　　次：2017 年 10 月第一次印刷
开　　本：710 毫米 × 1000 毫米　16 开本
印　　张：12
字　　数：292 千字
定　　价：68.00 元

人们在挑选户型时，常会看到户型好的一面，而忽视了户型有缺陷的一面。在具体装修时，对问题户型总不能很好地解决。比如，客厅面积大的户型，卧室会狭窄拥挤；卧室多的户型，餐厅的面积被牺牲了。为了避免出现这类问题，本书作者提炼并总结出有问题的户型，能更好地帮助到业主，规避或者解决装修难题。

解决装修问题的方法主要有三种。一是，在最初挑选户型时，便清楚户型的优缺点，是卧室多还是客厅大等；二是，在户型已经确定的情况下，改动建筑墙体，重新划分空间，使客厅、餐厅、卧室、书房等空间，均能合理地分布；三是，通过装饰装修的方法，将小户型变大，比如增加镜面材质的设计，提升空间的视觉纵深效果。将大户型合理分隔，比如增加布艺软帘的隔断，或者增设功能区，以丰富空间内的设计。

从这三个大的方面入手，无论装修问题有多严重，装修处在什么阶段，都能寻找到合理的解决方案。本书的内容便总结了大量的实际装修案例，通过分析的方式，提出装修的问题，并提供解决方案。帮助业主学到实际的、可应用到自己家庭装修的经验。

参与本书编写的有杨柳、赵利平、武宏达、黄肖、董菲、杨茜、赵凡、刘向宇、王广洋、邓丽娜、安平、马禾午、谢永亮、邓毅丰、张娟、周岩、朱超、王庶、赵芳节、王效孟、王伟、王力宇、赵莉娟、潘振伟、杨志永、叶欣、张建、张亮、赵强、郑君、叶萍等人。

编者

2017 年 9 月

目 录
CONTENTS

书房　体验不到安静氛围

厨房　橱柜台面总不够用

卫生间　干区、湿区分隔不明显

玄关及过道　常常感觉不到存在

第二章　改造王！详解 5 种缺陷户型设计问题

1

第一章

现形记！
66 个不良空间设计

装修之后便后悔，是很多人常有的情况。为什么会出现这样的情况呢？这是由于装修之前没有分析好空间的优缺点，装修的细节把控不够严谨。在知道层高较低的情况下，却设计过多的吊顶，最终只能导致空间显得压抑。若在设计之前考虑清楚，在顶面设计镜面或是设计少量的吊顶，便不会出现后期感觉空间压抑的问题。类似这样的问题有很多，本章节便围绕空间装修，提出装修中的问题，并以实际案例提供装修问题的巧妙化解办法。

客 厅

想豪华装修，却频频出问题

状况一

"因为楼梯的位置不佳，导致客厅没有电视背景墙"

⚙ 装修设计前的状况

　　客厅没有电视背景墙，而且和楼梯间连成一片，过道的空间也不明显，从哪一个角度看都很不舒适。虽然客厅有充足的面积，却没有办法合理地利用起来。而且，站在入户门的位置，整个室内的空间都暴露了出来，无法保护隐私且不安全。

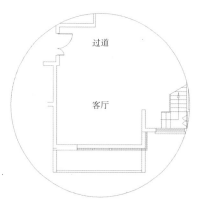

面积： 23m^2

客厅设计常识

① 沙发背景墙不要面对着入户门设计

　　如果沙发背景墙面对入户门设计，那么便无法保护生活的隐私。而且，沙发的一侧往往是家庭中最乱的部分，会影响空间的审美效果。因此，将电视墙设计在入户门的对侧是最合理的。

② 客厅空间要相对独立起来

　　独立的方式有三种，一是通过沙发组合的摆放，形成客厅的隐性分隔；二是通过建立墙体，使客厅与其他空间分隔开来；三是通过地面材料、颜色、拼贴方式的变化，形成隐性分隔。

装修问题化解办法：

"在客厅与楼梯之间建立墙体，形成空间分隔"

面积： 23m²

装修设计后的状况

客厅与楼梯之间墙体的建立，使客厅更加规整，楼梯间、过道也相对独立起来。另一处巧妙的设计是围合式的沙发布局，使客厅完全从过道中脱离出来，形成一个完整的独立空间。电视背景墙设计在入户门的对侧，保护了室内其他空间的隐私。精美的设计造型，同时丰富了客厅内的审美效果。

问题户型
改造实例

电视墙的黑色调从客厅中凸显出来，更能吸引人的视觉。

沙发通过围合式的布局，起到了隐性分隔的作用。

状况二

"客厅与餐厅、门厅没有分隔，太空旷了，缺乏安全感"

⚙ 装修设计前的状况

客厅与餐厅、门厅处在同一水平面，去往卧室等空间需要经过弧形的楼梯踏步。而且，门厅的位置没有遮挡，客厅的隐私全部暴露了出来。客厅与餐厅相连，空间视觉开阔，但却有些空旷，客厅与餐厅之间的过道也无法利用起来。

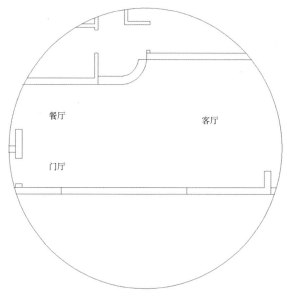

面积： 28m²

客厅设计常识

开敞式客厅与餐厅，要保持设计手法的一致

使客厅与餐厅具有统一的视觉效果，需要从以下三方面入手。

一是户型改造上要保持彼此之间的联系，同时要分清主次面积占比，客厅占三、餐厅占二的比例是最舒适的；

二是地面、墙面、顶面的材料选用要一致，造型要有连贯性，但在连贯中要有细节设计上的区别。客厅的造型设计复杂一些，餐厅的造型设计简单一些，会更有层次感；

三是家具、布艺、饰品等要保持统一的设计风格。尤其是沙发与餐桌的组合，最好选择同一品牌、同一系列的产品。布艺则保持延续性就好。饰品可以有区别，但要统一在一种设计风格之下。

装修改造方案：

"摆放贵妃椅或小沙发，将客厅弧形面积利用起来"

🏠 装修设计后的状况

　　客厅的格局不需要做大的改动，只需要将心思用在软装家具的布置上。首先，客厅左手边的入户门要做玄关遮挡起来，恰好在玄关的下面设计鞋柜；其次，客厅的阴角处设计柜体，上面摆放书籍、装饰品，下面储藏杂物。最后，在弧形的靠窗位置，则摆放贵妃椅，或是单人座的沙发组合，随着客厅的弧度摆放，设计效果更精美。

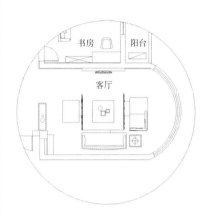

面积： 30m^2

问题户型
改造实例

　　单人座椅搭配一款小的角几，可以将客厅的弧形充分利用起来。

状况五

"阳台虽然好，却遮挡客厅里的阳光"

✿ 装修设计前的状况

客厅与室外之间隔着一个阳台，而且中间还安装有四扇大的推拉门，势必会影响到客厅接收阳光。而且，建筑方提供的推拉门，质量都很难信得过，使用一段时间基本都会坏掉。但需要注意的是，阳台常常会用来晾晒衣物，因此也不能随便地拆改。

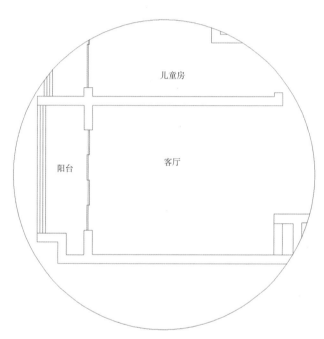

客厅面积： 20m²   **阳台面积：** 5m²

客厅设计常识

① 客厅与阳台之间，一定要设计过门石来防水

外露的阳台，经常会有雨水堆积在里面，如果不设计过门石，雨水会流到客厅里面。而且，雨水也会浸泡、腐蚀塑钢推拉门。因此，设计过门石可以起到这两方面的作用。

② 将外露阳台封起来，可以保证客厅内的温度

主要是在北方的冬天，室外的气温比较低，冷空气很容易通过阳台渗进到客厅里面。如果将阳台封起来，可以对冷空气形成阻隔，保证客厅内始终恒温。

装修问题化解办法：

"拆除推拉门，在阳台上面设计地台"

🏠 装修设计后的状况

这种设计方案，相当于改变了阳台的功能，从原来的晾晒衣物和储存杂物，变成客厅的一部分。因此，在设计这套方案前，应当想好洗衣及晾晒衣物的空间。

在阳台上设计地台，可以丰富客厅内的设计效果，增加客厅的不同使用方式。比如，可以坐在地台上喝茶聊天，或者晒晒太阳。而且，阳光可以直照到客厅里面，不用担心受到阻碍。

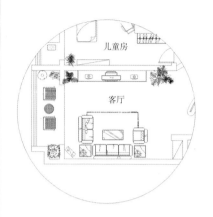

客厅面积： 30m²

🏠 问题户型改造实例

地台因为在阳台，上面最适合铺设瓷砖以及石材，这样就不怕被雨水淋湿了。

客厅与阳台之间的垭口，一定要包门套线，这样可以起到保护墙体的作用。

状况六

"客厅内墙体的长度不够，无法摆放沙发"

⚙ 装修设计前的状况

客厅的面积不小，而且拥有足够的宽度，但问题是，应当摆放沙发或电视的两面墙，却非常短。阳台不仅和客厅相通，而且和里面的卧室也是相通的。从客厅进入阳台，就会看到卧室内的一切，隐私得不到保护。过道的位置过宽，而且很难利用起来，导致拥有大面积的空间，却无法合理地使用。

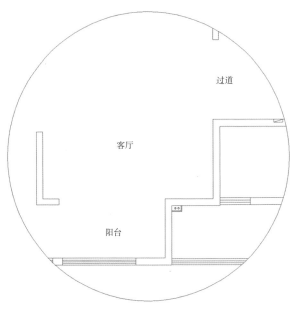

客厅面积： 23m²

客厅设计常识

① 客厅与卧室不要共用一个阳台

现在有许多毛坯房，客厅与卧室是可以在阳台互通的，这会导致一些不合理的问题，即无法保护卧室内的隐私。解决办法是，在阳台中间建立一道墙，一半留给客厅使用，另一半则留给卧室使用。

② 摆放沙发的一面墙，长度最少要大于 3m

三人座沙发的墙面长度一般为 2.6~3.2m；两人座沙发的墙面长度一般为 1.8~2.4m，加上角几的宽度，起码也要 3m 的距离。像现在比较流行的 L 形沙发，其宽度也在 3m 以上。因此，客厅要想摆放沙发，就必须有一面墙的长度超过 3m。

装修改造方案：

"扩充客厅的墙体，然后在阳台上建立一面新墙"

装修设计后的情况

靠沙发一面的墙体，向外砌筑了 2m 的距离；电视墙的一侧，向外砌筑了 1m 的距离。过道则利用电视墙多出来的墙体，设计了衣帽柜及鞋柜。整体来看，客厅面积增加了，过道面积减少了，客厅看起来也更加方正了。

阳台设计为品茶区，与客厅相连，成为客厅的一部分。阳台靠近卧室的一侧，安装了一扇推拉门，不用时，关起来分隔两处空间，用时还可以自由地打开。

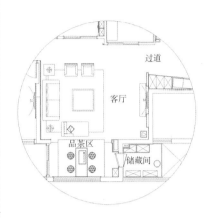

客厅面积：26m²

问题户型
改造实例

品茶区采用石材或地砖设计，可以更好地保护阳台，防止阳光的暴晒。

阳台通向卧室的入口，也可以使用实木门，只是在美观度上会差一些。

状况七

"为了满足客厅的面积需求，厨房设计得很小"

⚙ 装修设计前的状况

客厅除去摆放空调外机的地方，是非常规整的，接近于正方形的空间。餐厅在客厅的下面，有着同样舒适的面积。只是封闭式的厨房过于狭长，除不方便使用之外，并没有其他方面的问题。

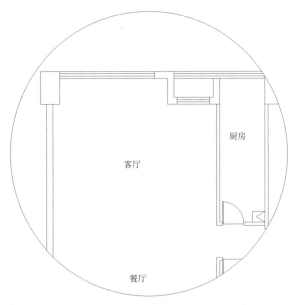

客厅面积： 24m²

客厅设计常识

① 摆放空调外机的地方，不要与客厅空气流通

空调外机工作起来，会排放大量的热气，气体虽然无害，但会影响客厅内的温度，时间久了，会在周围积满灰尘，不好打理。因此，摆放空调外机的空间，需要独立出客厅之外，而且不要对着客厅的排风口。

② 客餐厅相连的空间，沙发与餐桌最好同侧摆放

沙发与餐桌同侧摆放有两方面的好处。一是，墙面造型设计更整体，设计出来的效果更大气；二是，同侧摆放家具，可以使空间的流动更舒适，留出更多、更集中的空白空间。

装修改造方案：

"拆除厨房墙体，提升客厅的视觉开阔度"

🏠 装修设计后的情况

通过改造后的客厅，实用面积实际上比毛坯房时还小了几平方米，视觉开阔度上却大了一倍。重要的是，厨房不再狭长拥挤了，而是像客厅一样开阔，使用起来也便捷了许多。改造后的客厅，没有了多余的棱角，变得更加整齐；厨房内则多出了设计吧台的空间。

但这种设计并不全是优点，也存在一定的缺陷。比如，厨房内的油烟，会影响到客厅，甚至是餐厅的清洁。

客厅面积： 21m²

🏠 问题户型
改造实例

半人高的电视墙设计，对视线不会造成丝毫的阻碍，而且还将客厅独立了出来。

厨房吊顶选生态木设计，既可以增加客厅的设计效果，还能起到防止油烟脏乱、难打理的问题。

状况八

"客厅的横向跨度很大，导致没有电视墙的设计位置"

⚙ 装修设计前的状况

　　客厅与餐厅共同组成的空间里，拥有开阔的视野，以及充足的自然光线。餐厅一侧挨着玄关及厨房，客厅一侧挨着卧室，都是很舒适的布局。唯独不完美的地方是，空间内的门太多了，客厅的布局掌握不到合适的方向，电视墙或沙发墙找不到合适的设计位置。

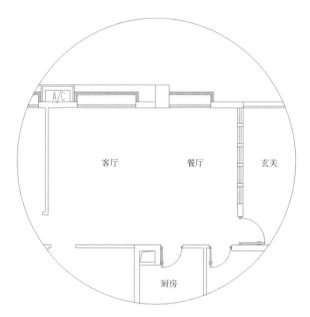

客餐厅总面积： 34m^2

客厅设计常识

① 沙发与电视要朝东或朝西布置，而不要朝南或朝北

　　南面是阳面，是太阳直照到客厅的方位，若沙发布置在那里，会被太阳直晒。若电视布置在那里，强烈的光线会导致背光，而看不清电视里的内容。因此，沙发或者电视，只有朝东或朝西布置，才是最合理的。

② 客厅内的飘窗，也可以是沙发的组成部分

　　飘窗的高度一般会高出沙发一点点，但这并不妨碍将飘窗设计成沙发的组成部分。具体设计时，要围绕着飘窗来布置沙发组合，然后将飘窗设计为辅助的沙发座位，再摆放一个常规的三人座沙发作为客厅的主沙发。

装修改造方案：

"将电视墙设计在客厅与餐厅之间，两侧空出来，作为过道使用"

🏠 装修设计后的情况

　　沙发布置在一侧墙面，电视墙布置在中间。这样设计的好处是，电视墙的两侧都可以走人，若沙发布置在中间，就只能一侧走人，而且显得拥挤。通过厨房及书房一侧的改造，门减少了，客厅的视野变得更加开阔了，无论是敞开式厨房，还是玻璃推拉门的书房，都能提供良好的通透性。

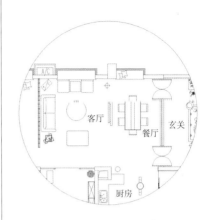

客厅面积： 20m^2

问题户型
改造实例

　　电视墙小巧且精致，两侧都可以走人，上面还有足够的宽度，来摆放一些装饰品及杂物。

　　沙发背景的设计布满一面墙，设计出来的效果会更加大气。

"客厅面积不大，旁边却设计了一个小房间"

⚙ 装修设计前的状况

　　客厅所处的位置，整体来看是很舒适的，空间也偏近于正方形。不过，受客厅面积的限制，里面只适合摆放小沙发组合，而且墙面不可以有太多造型，因为客厅的面积只有 14m²。夹在客厅与入户门的小房间是敞开式的，面积只有 6m²。其所处的位置，导致不管将其设计为卧室还是书房都很尴尬。

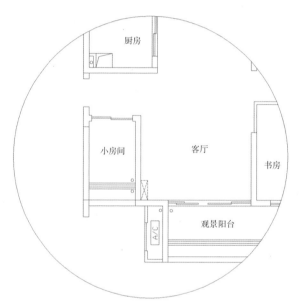

客厅面积：14m²　　　**小房间面积：**6m²

客厅设计常识

① 小客厅的功能性布置比装饰性设计更重要

　　受困于有限的客厅面积，里面的每一处设计，都要充分考虑是否为生活所需，不能单纯地考虑美观。小客厅的沙发因此并不适合围合式的摆放，更适合 L 形的摆放或者长方形的摆放，然后多留出一些空白空间，以留给日常的使用。

② 客厅的横向宽度越长，装饰效果越美，也更加的实用

　　一般情况下，电视墙距离沙发 3.5~4m 是比较舒适的，不会伤害到眼睛。这个距离越长，客厅看起来就会越大气，设计起来也更加容易。而且宽度增加了，客厅也就可以摆放尺寸更大的电视，增强视听效果。

装修改造方案：

"拆除小房间，使其成为客厅的一部分"

装修设计后的情况

拆除小房间之后，同时用窗户将外露的墙体封闭起来。客厅面积得到明显的增加，变得更加大气。沙发之所以没有靠墙摆放，是为了防止客厅变得狭长而失去美感。同时，留出的过道，也方便进出阳台。沙发距离电视的位置也不至于过远，整体比例舒适，观赏性强。

客厅面积： 20m^2

沙发的组合采用 1+2+3 的样式，是比较适合这种敞开式的大客厅的。

沙发背景墙摆放条案，可以丰富沙发背景的设计而不显得空旷。

状况十

"客厅长度太长，摆放沙发后还会空出许多面积"

⚙ 装修设计前的状况

客厅相对于其他空间，是独立出来的，有两处门口是通向餐厅及厨房的。客厅有 7m 多的长度，而正常的沙发只有 4m 长，还会有 3m 长的空间空出来。而且，沙发与电视的摆放，只可能是东西方向的，那么就会空出很大的一块面积来，无法利用。

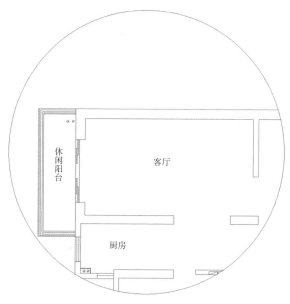

客厅面积: 38m^2

客厅设计常识

① 不能为了填满客厅面积，而乱布置沙发或电视墙

有时客厅面积很大，为了使客厅设计得更饱满，会在空间内多设计沙发组合，而不注重沙发与电视之间的比例。这样设计出来的客厅是缺乏美感的。其实，客厅不只有一种功能，也可以增加钢琴一类的娱乐设施，来丰富客厅的内容设计。

② 独立式客厅，与其他空间的连通要方便

独立式客厅是指四面都有墙围绕起来的空间。因此，在设计这种客厅时，注意与餐厅及卧室的连通很关键，要将门口留在合适的位置，以方便各个空间往来的便捷度。设计的原则是，先考虑与餐厅的连通，再考虑与卧室的连通，如果在对侧，那么就要留出两个门口。

装修改造方案：

"在客厅内增设品茶区等新的功能区"

🏠 装修设计后的情况

　　客厅设计的是中式风格，因此便将空白空间设计为品茶区。如果是现代、简约等风格，那里便可以设计成娱乐区，摆放一架钢琴，或设计为一处吧台。还有一处值得注意的细节是，电视墙设计在了靠近门的一侧。这样可以保证沙发与品茶区的家具，形成一个连贯的整体，方便彼此间的流动。

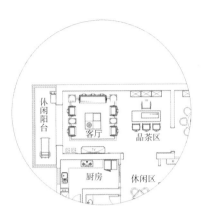

客厅面积： 38m^2

　　统一的家具以及墙面造型，使客厅的设计效果更加整体。

　　品茶区设计柜子，方便日常的储物。

懂装修，有保障

客厅常见问题 Q&A

Q：客厅面积较大，该如何设计？

A： 设计大面积客厅时，一定要注意空间的合理分隔。一般有硬性划分和软性划分两种方式。

划分方式	主要内容
硬性划分	主要是指通过隔断等设置，使每个功能性空间相对封闭，并使会客区、视听区等从大空间中独立出来。但这种划分往往会减少客厅的使用面积
软性划分	是目前大客厅比较常见的空间划分方法，常用材料之间、家具之间、灯光之间等的"暗示"来区分功能空间

Q：小客厅设计讲求的要点是什么？

A： ① **实用为上。**小客厅的设计重点是实用，不必追求外观的华丽或花哨，设计简洁的家具是小客厅的首选。组合式家具占地面积比较小，且功能齐全，同时也会让客厅呈现出强烈的整体感，这样不仅能增加空间的利用率，还能营造较强的变化感。

② **色彩扩大视觉空间。**如果能利用色调的选择扩展小客厅的心理空间和视觉空间，可以取得事半功倍的效果。冷色调具有扩散性和后退性，较适合小户型；同时室内对比不能过分强烈，最保险的是墙面和地面的颜色选用淡雅的色调，家具颜色最深，顶面颜色稍浅于墙或与墙面同色，这样可以保证空间的色彩协调性，让人有舒适宽敞的观感。

③ **简洁的吊顶。**小客厅可以突破一些似是而非的陈规，将一些心理空间及视觉空间做转换、跳离、虚实运用，空间就会在不知不觉中放大。客厅的吊顶就是一个打破空间局限的方法，以往的吊顶做得过厚，不适于层高低的客厅，这时可以采用薄一点的石膏板吊顶或甚至不做吊顶来加大空间的开阔感。

Q：长方形小客厅该怎样设计？

A： 如果小客厅是长方形的，空间也比较规整，不妨试将沙发和电视柜相对而放，各平行于长度较长的墙面，靠墙而放。然后再根据空间的宽度，选择沙发、电视、茶几等的大小。这样的布局能为空间预留出更多活动的空间，也方便有客人来时增加座椅。

Q：如何布置客厅家具？

A： 客厅的家具应根据活动和功能性质来布置，其中最基本的，也是最低限度的要求是设计包括茶几在内的一组休息、谈话使用的座位（一般为沙发），以及相应的，诸如电视、音响、书报、音视资料、饮料及用具等设备用品，其他要求就要根据起居室的单一或复杂程度，增添相应家具设备。起居室的家具布置形式有很多，一般以长沙发为主，排成一字形、I字形、U字形和双排形，同时应考虑多座位与单座位相结合，以适合不同情况下人们的心理需要和个性要求。

Q：多边形的客厅有什么办法可以变得方正？

A： 多边形的客厅最好能改造成四边形的客厅，一般有两种方法。一种为扩大后改造，即把多边形相邻的空间合并到多边形中进行整体设计；另一种为缩小方式，把多边形割成几个区域，使每个区域达到方正的效果。

Q：设计电视背景墙，要注意些什么？

注意事项	解决办法
插座线路	如果是挂壁式电视机，墙面要留出装预埋挂件的位置或结实的基层以及足够的插座。最好暗埋一根较粗的PVC管，所有的电线即可以通过这根管到达下方电视柜
客厅宽度	眼睛距离电视机的最佳距离应是电视机尺寸的3.5倍。因此，不要把电视墙做得太厚太大，进而导致客厅显得狭小，也会影响电视的视觉效果。考虑沙发位置：在安装电视墙之前，客厅沙发的位置确定尤为重要。最好是在沙发位置确定后再确定电视机的位置，此时可由电视机的大小确定背景墙的造型
灯光呼应	电视背景墙一般要与顶面的局部吊顶相呼应，而吊顶上一般都要安装照明灯。因此，要考虑墙面造型与灯光相呼应，还要考虑灯光的色彩和强度，最好不要用强光照射电视机，避免眼睛疲劳

Q：电视背景墙怎样设计最省钱？

A： 烦琐的电视背景墙不是非要不可的，无论是从经济的角度，还是从审美的角度，现在越来越多人追求的是一种简洁、实用的设计。不妨做个简洁明快的电视背景墙，在颜色上可以突出一点，再搭配几幅装饰画，这样既可以随时更换装饰，灵活性更强，在费用上也能节省一大笔。

Q：怎样把主题墙和其他墙面的层次拉开？

A： 想要把主题墙与其他墙面的层次拉开，可以利用材料和颜色的对比，比如整个面都用墙纸或整个面做成一个颜色，或整个面都做某一种材质。通俗地说，就是形状上还和别的墙一样，只是用颜色、材质来区分。

餐 厅

掌握不好家具与空间关系

状况一

"餐厅挨着入户门，无形中减少了餐厅的面积"

⚙ 装修设计前的状况

　　餐厅看起来面积很大，实际上却涵盖了玄关过道的空间。也就是说，这一部分空间中，除了考虑餐厅布置外，还要考虑玄关的布置会不会影响到餐桌椅的摆放，以及鞋柜的摆放位置，人行走的空间。实际上，餐厅的实用面积，只是集中在右下角靠窗的位置。

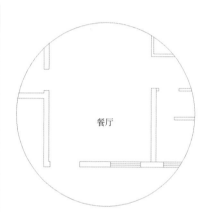

餐厅及玄关总面积： 14m^2

餐厅设计常识

① 餐厅往往与过道混在一起，设计时应考虑全面

　　餐桌椅的摆放不能阻碍人在空间内的流动，因此要留出足够的过道宽度。所以，在设计这类餐厅时，最好将餐桌椅靠一侧墙面设计，使餐厅的使用更集中，然后留出一部分空间来给过道。

② 玄关的鞋柜不要和餐厅同侧设计

　　餐厅是家庭进餐的地方，而摆放在玄关的鞋柜会产生异味，影响到人们的进餐。所以，鞋柜的位置距离餐桌的位置越远越好，如果能彼此独立出来，是最理想的方案。

装修改造方案：

"餐桌摆放靠墙，留出玄关与过道的流动空间"

🏠 装修设计后的情况

餐厅集中在右下侧，餐桌则紧靠右侧的墙面。入户门走手边的柜体是鞋柜，这样保证了鞋柜与餐桌的彼此独立，不会互相影响。从平面布置图中可以看出，过道空间是很宽敞的，人的移动不会受到阻碍。

这种设计方案，实际是利用了玄关与餐厅的交集空间，使其既可提供给玄关使用，又可以是餐厅的组成部分。

餐厅面积： 11m^2

问题户型
改造实例

餐桌靠墙摆放的一个好处是，餐厅主题墙更好设计一些，整体性也会更强。

餐桌靠墙摆放之后，可以看出，过道的空间更加宽敞了。

"餐厅的两面墙都有门，没有摆放餐边柜的地方"

⚙ 装修设计前的状况

从原始户型图中可以看出，卧室的门虽然有意错开厨房的门，但两处门还是连通的。这导致本来是一处独立空间的餐厅，却更像一处过道。卧室与厨房的气流互通，会严重影响餐厅的进餐环境。而且，餐厅没有一面墙适合摆放餐边柜，也没有一面墙适合设计为餐厅的主题墙。

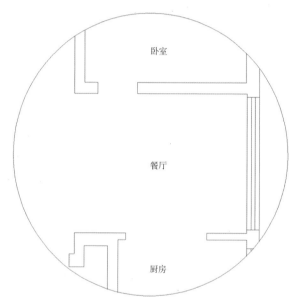

餐厅面积： 11m^2

餐厅设计常识

① 餐厅尽量不要形成对流的空气

餐厅作为一处家庭进餐的空间，需要空气的流动要相对稳定，这样更利于人体的健康。因此，在餐厅空间，最好不要出现两面门相对的设计出现。比如卧室与厨房的门相对就很不好，厨房内的油烟味会流向卧室，而卧室的空气又会流向厨房，餐厅作为中间地带，会受到不好的影响。

② 餐厅的设计位置要靠近厨房

厨房是煮饭炒菜的地方，餐厅则是进餐的地方。两处空间离得越近，越方便人们的使用，减少端菜拿饭的距离。最好的情况是，餐厅就设计在厨房的门口处，这样可以最大化地减少人们流动路线的长度。

装修改造方案：

"将卧室的门改到另一侧，使餐厅独立出来"

 装修设计后的情况

　　将厨房安装上双扇的推拉门，卧室的门移到另一侧墙面。餐厅看起来整齐多了，也有了餐厅主题墙，摆放餐边柜的地方。餐厅的主题墙设计，是向墙内凹陷的，这样可以防止餐边柜占去太多的餐厅面积，保证餐厅的宽度，以及人在两侧的自由移动。

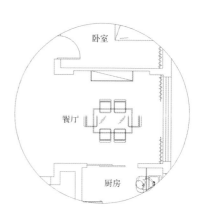

餐厅面积： 11m²

问题户型
改造实例

　　餐边柜的内部可以储藏物品，上面可以摆放装饰品，以丰富餐厅的设计效果。

"想设计餐厨一体化的空间，却不知从何下手"

⚙ 装修设计前的状况

按照原始户型图的布局，餐厅相对于厨房、过道，是独立出来的，而且还拥有一处飘窗的空间。厨房安装上玻璃推拉门，也是一处独立的空间。若想要餐厨一体化的设计，就需要改变原始建筑墙体，但同时也要考虑其他一些问题，比如厨房的油烟会不会飘散到屋子里。

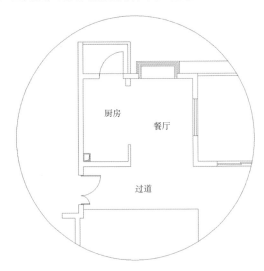

厨房

餐厅

过道

餐厅面积： 9.6m^2 **厨房面积：** 7m^2

餐厅设计常识

① 飘窗可以设计为餐厅的吧台

飘窗的高度一般和普通的座椅高度一致，若设计为餐厅的吧台，需要抬高设计，因为吧凳的高度要高出于普通的座椅。可以采用飘窗下面设计柜体，上面铺设大理石的方式，来抬高飘窗的高度，这样就可以满足吧台的设计要求，同时还可以在下面储藏物品。

② 大面积餐厅，餐桌适合摆放在中间

一般餐厅的面积超过 8m^2，就可以将餐桌布置在中间了，四周还会留有充足的流动空间，移动座椅也不会受到阻碍。

③ 小面积餐厅，餐桌适合靠墙摆放

将餐桌靠一面墙摆放，就可以将空白空间集中在一起，使其方便人们的走动。一般餐厅面积小于5m^2，最好都选择这种布置方式。

装修改造方案:

"拆除厨房门口，使餐厅与厨房融合在一起设计"

装修设计后的情况

　　厨房的门口拆除后，餐厅与厨房就形成了一处方正的一体化空间，看起来更加大气。值得学习的细节是，在餐厅的入口处，设计了两扇推拉门，这样可以阻止炒菜的油烟飘向客厅。通过改造后，餐厅与厨房的联系更加紧密与方便了。对于喜爱做菜的人们，这种设计显然可以满足他们的需求。

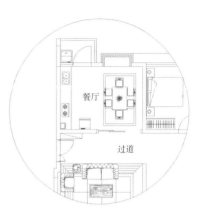

餐厅面积： 11m²

问题户型
改造实例

　　面积越大的餐厅，餐桌也要成比例的扩大，实用的同时还具有精美的设计效果。

　　因为拆除掉了厨房的门套，才得以摆放双开门的大冰箱。

状况四

"餐厅的三面都有门，增加了餐厅布置的难度"

⚙ 装修设计前的状况

餐厅的三面门，分别通向客厅、卧室和阳台，而餐厅正好处在三面门的交叉处。这就导致了一些问题，首先是餐厅不独立，其次是餐桌的摆放位置很尴尬，最后是餐厅会受到厨房油烟的影响。餐厅的优点是，左侧有一扇窗，整体面积比较大，有可发挥的空间。

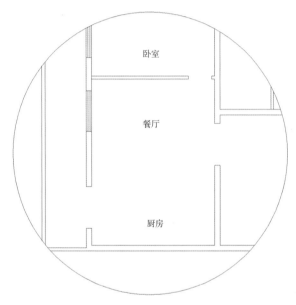

餐厅面积： 16m^2

餐厅设计常识

① 餐厅可以敞开，但需要设计隐性分隔

设计隐形分隔是为了改变餐厅区域的流动路线，使餐厅相对独立起来。比如，从厨房直接穿过餐厅，就可以进入卧室，那么就需要在过道的中间位置设计屏障或餐桌，改变流动的路线，提升餐厅的重要性。

② 餐桌摆放靠近窗户，可以增加采光

餐厅一般都设计在北面，接受不到阳光的直射，光线自然会弱一些。而进餐是需要舒适的环境，因此，餐桌的摆放应当尽量靠近北面的窗户，以增加照射在餐桌上面的光线，提升使用的舒适度。

装修改造方案：

"设计吧台将餐厅包裹起来，形成隐性的分隔"

装修设计后的情况

在餐厅与厨房之间，设计一个长方形的吧台，餐厅看起来整齐多了，有了一定的形体。餐桌则靠近窗户摆放，尽量将空白空间留给过道。这样设计之后，餐厅与厨房都相对独立了出来，视觉效果舒适。同时，长方形的吧台实用性强，当进餐人数不多或吃早餐时，完全可以利用吧台，而减少使用餐桌的麻烦。

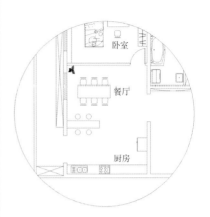

餐厅面积： 16m^2

问题户型 改造实例

贴墙设计的餐桌座椅，可以节省出更多的过道空间。

吧台有时也可以充当为厨房的岛台使用，在上面摘菜、切菜。

状况五

"餐厅的四周都是过道，而且面积还很小"

⚙ 装修设计前的状况

　　餐厅的四面都是过道，分别通往客厅、卧室、厨房以及入户门，是很尴尬的空间。虽然餐厅的面积有 10m²，但实际能使用的空间不过五六平方米，这样就显得很拥挤。重要的是，餐厅需要想一个办法，将其设计为一个独立的空间，而不是像过道一样，中间只是摆了一张餐桌而已。

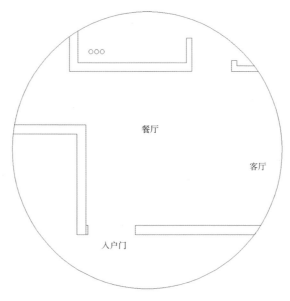

餐厅面积： 10m²

餐厅设计常识

① 独立性对餐厅很重要

　　从设计的角度看，缺乏独立性的餐厅非常不好设计，而且很难与其他空间相互融合。另外，缺乏独立性的餐厅，空间会缺少安全感，营造不出温馨、舒适的进餐环境。因此，无论怎样设计，都需要将餐厅独立出来，或是设计墙体阻隔，或是通过家具的摆放来分隔。

② 圆形的餐桌，相比较方形的餐桌更实用

　　在餐桌面积相等的情况下，圆形的餐桌更加节省面积，可以坐下更多的人，而方形的餐桌受棱角的限制，无法达到圆形餐桌的效果。因此，在小面积的餐厅空间，若不将餐桌靠墙摆放，则选择圆形餐桌会更加合理。

装修改造方案：

"拆除厨房门口，使餐厅与厨房融合在一起设计"

装修设计后的情况

　　将原本松散的餐厅，设计成聚拢的圆形，餐桌则摆放在中间的位置，餐厅因此得以独立出来。通过这种设计形式，入户位置形成了天然的玄关，餐厅还拥有了主题墙，而且建立出的墙体，不会阻碍四面的流动。餐厅成了空间内的设计亮点。

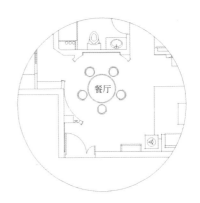

餐厅面积： 10m²

问题户型
改造实例

　　圆形餐桌的实用性更强，可以坐下更多的人。

　　圆形餐桌搭配圆形吊顶设计，餐厅会更具整体性。

"餐厅面积过大，空旷且缺乏温馨感"

✿ 装修设计前的状况

　　从入户门进来，可以看到面积非常大的餐厅，有足足可以容纳下 15 人进餐的空间。餐厅面积太大，布置起来其实并不容易，因为摆放太大的餐桌并不实用，空余出来的面积又不好利用起来。因此便需要通过一些设计手法，将餐厅合理利用起来。

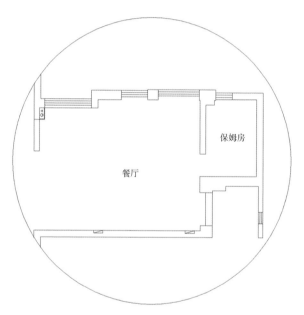

餐厅面积： $25m^2$

餐厅设计常识

① 餐厅面积太大，可以增设功能区

　　餐桌所占的面积，几乎是固定的，留出来的空余空间，便可以设计吧台、柜体等实用性强的家具。吧台可以设计在靠近厨房的一侧，可以临时性地提供给厨房使用，柜体则根据墙体的位置与长度来定制。

② 餐桌的摆放要顺应餐厅的长度

　　摆放长方形的餐桌时，顺着餐厅摆放，可以节省出更多的空白空间。从设计效果上看，比例也会更加具有美感。

装修改造方案：

"在餐厅里设计吧台、餐边柜，来丰富空间内容"

 **装修设计后的情况**

餐厅一侧的吧台上设计了水池，这恰好利用了原建筑墙体的下水管道，使吧台同时可以充当厨房的岛台使用。在餐厅的另一侧，设计了满满一排的柜体。挨近入户门的是鞋柜、衣帽柜，向里侧是餐边柜以及双开门的大冰箱。餐桌的一侧，还设计有电视。通过这些设计，使餐厅变得饱满且温馨起来。

餐厅面积： 25m²

问题户型
改造实例

大面积餐厅的餐桌摆放，要松散一些，使餐厅具有大气、高贵的设计感。

状况七

"房屋里没有餐厅，连摆放餐桌的地方都没有"

⚙ 装修设计前的状况

　　正常情况下，餐厅是应该挨着厨房的，接近厨房的门口。可现实情况却是，厨房的门口只有过道，一条很窄的过道，根本就没有留出餐厅的空间，甚至都无法摆放一张餐桌。

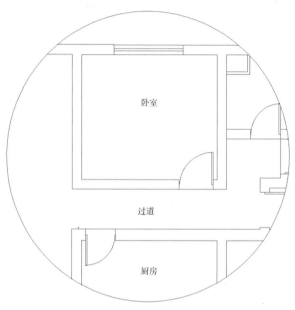

餐厅面积： 0m^2

餐厅设计常识

① 没有餐厅的户型，餐桌最好摆放在厨房，而不是客厅

　　如果厨房面积大的情况下，将餐桌摆放在厨房，相比较客厅更加合理。因为餐桌摆放在客厅，会显得杂乱无章，而且空间拥挤；摆放在餐厅，则有使用起来方便的优点。在多人共同使用厨房时，还可以充当岛台的作用。

② 小面积餐厅可结合过道一起设计

　　过道属于流动空间，并不会占用固定的面积。那么，就可以将过道的面积"借"给餐厅使用，当作餐厅的留白空间，在过道不走人时，那里便属于餐厅，使餐厅面积在无形中得到扩大。

装修改造方案：

"扩大过道的宽度，将其'借'给餐厅"

🏠 装修设计后的情况

室内的墙体通过大量地拆改与重建，硬是改造出了餐厅的面积。将原来的过道拓宽，然后缩减卧室的面积，使卧室只能摆下一张床和一张书桌。缩减出来的面积则留给餐厅使用。改造后的餐厅有 6m^2，餐桌靠墙摆放后，使用起来还是很舒适的，侧边也留出了过道的面积。

厨房的单开门，也改成了玻璃的推拉门，这样可以使厨房内的自然光照射到餐厅，增加餐厅的采光。

餐厅面积： 6m^2

小餐厅的墙面适合安装镜子，起到拓展视觉面积的效果。

通过镜面的反射效果，餐桌无形也得到了延长。

懂装修，有保障

餐厅常见问题 Q&A

Q：设计餐厅时，需要考虑哪些问题？

A： ① **选择合适的色彩。**确定是以暗的饱和色来衬托家具与餐具，还是用明快活泼的色调营造轻松愉快的就餐环境。

② **看家庭的人口结构。**根据家庭人数、来客情况，决定餐厅的格局，以及将餐厅安排在什么地方，是在厨房或起居室，还是单独设置。

③ **根据餐厅形状，选择餐桌样式。**圆形餐桌能够以最小的面积容纳最多的人；正方形或长方形餐桌比较容易与空间结合；折叠或推拉餐桌能适应多种需求。

④ **根据餐厅高低选灯具。**升降式吊灯具有其他灯具无可比拟的优点，投射式筒灯的效果也不错。

⑤ **根据餐厅功能选择墙地面材料。**面积小的餐厅可以选用镜面来扩大视觉空间，地面使用易清洁的硬质材料。选用促进食欲的装饰品，如花草、水果及风景的照片等。

Q：餐厅适合用射灯吗？

A： 家装的射灯多是"射"向主人家的展示品，但到了餐厅，就变成了"射"人，一入席，头顶上顶着一盏明晃晃的射灯，犹如成了一件展示品，座上人也容易产生眩晕的感觉。有的餐厅则选择把射灯射向桌面，认为在灯光下，菜肴更显精致，要是一两盏射灯尚可接受，切忌大规模对焦，把餐桌面弄得耀目刺眼，适得其反。

Q：餐厅适合选用什么材质的灯具？

A： 为方便擦洗，餐厅宜采用玻璃、塑料或金属材质的光洁灯罩，不宜用织、纱类织物灯罩或造型繁杂、有吊坠物的灯罩。

Q：长方形餐桌的尺寸一般是多少？

A： 760mm×760mm 的方桌和 1070mm×760mm 的长方形桌是常用的餐桌尺寸。如果椅子可伸入桌底，即便是很小的角落，也可以放一张六座位的餐桌，用餐时，只需把餐桌拉出一些就可以了。760mm 的餐桌宽度是标准尺寸，最小也不宜小于 700mm，否则，对坐时会因餐桌太窄而互相碰脚。餐桌的脚最好是缩在中间，如果四只脚安排在四角，就很不方便。桌高一般为 710mm，配 415mm 高度的座椅。桌面稍低些，就餐时可对餐桌上的食品看得清楚些。

Q：圆形餐桌适合多少人坐？

A： 如果客厅、餐厅的家具都是方形或长方形的，圆桌面直径可从 150mm 递增。在一般中小型住宅，如用直径 1200mm 的餐桌，常嫌过大，可定做一张直径 1140mm 的圆桌，同样可坐 8 ~ 9 人，但看起来空间较宽敞。如果用直径 900mm 以上的餐桌，虽可坐多人，但不宜摆放过多的固定椅子。如直径 1200mm 的餐桌，放 8 张椅子，就很拥挤。可放 4 ~ 6 张椅子。在人多时，再用折椅，折椅可在储物室收藏。

Q：餐厅的空间都有怎样的划分方式？

A： 最好能单独开辟出一间做餐厅，但有些住宅并没有独立的餐厅，有的是与客厅连在一起，有的则是与厨房连在一起，在这种情况下，可以通过一些装饰手段来人为地划分出一个相对独立的就餐区。如通过吊顶，使就餐区的高度与客厅或厨房不同；通过地面铺设不同色彩、不同质地、不同高度的装饰材料，在视觉上把就餐区与客厅或厨房区分开来；通过不同色彩、不同类型的灯光，来界定就餐区的范围；通过屏风、隔断，在空间上分隔出就餐区等。

Q：如何设计既温馨又省钱的大餐厅？

A： 如果餐厅的面积很大，但又想少花钱而装修出温馨的用餐环境，可以考虑在厨房中使用带有花朵图案的壁砖，这样很容易形成整体的温馨自然氛围。此外，可利用隔断单设一间用餐区。例如，可采用象牙白色的隔断，从主体颜色偏亮的餐厅中隔出用餐区，用餐区的设计应与房间的整体风格和谐统一。如果是夏天，可以在餐厅里配上棉、木、瓷等材质的居家用品，灯光选用冷色调，以便让人从心底感受到宁静和凉意。如果是冬天，应采用暖色调的灯光，以达到温馨的效果。

Q：小餐厅有什么办法营造温馨的就餐氛围？

A： 独立的小餐厅一般难以形成良好的围合式就餐环境。想要解决这一问题其实不难，在小餐厅的顶面做小型的方形吊顶以压低就餐空间，营造餐厅的围合式就餐气氛；同时将吊顶和吊灯合二为一，由于吊顶的作用，此处可以选择价格便宜的吊灯，但借助吊顶的"气势"，完全可以烘托就餐的主题，并且满足了空间、照明等诸多功能需求。

卧 室

永远感觉空间拥挤、狭小

状况一

"阳台面积太大，占去了卧室的面积"

⚙ 装修设计前的状况

　　卧室和阳台都处在南面（向阳的一面）。阳台的面积很大，相比较之下，卧室的面积就很小。卧室摆放一张床，一个衣帽柜之后，几乎就没有空余空间了。卧室与阳台之间的四扇推拉门，是原建筑方安装的，质量上并不可靠。

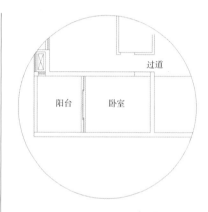

卧室面积： 11m²
阳台面积： 7.5m²

卧室设计常识

① 带有阳台的卧室，推拉门的密封性很重要

　　面积越小的阳台，越容易积风，会通过推拉门吹到卧室里面，影响卧室的温度与清洁。这种积风吹久了，人容易患病。因此，安装一款质量好的推拉门，是非常必要的，特别是注意推拉门的密封条。检查时，可将纸片放在密封条口，若纸片有轻微的晃动，则说明推拉门的密封性不好，需要重新选择。

② 摆放双人床的卧室，长度不能小于 3m

　　宽度最大的双人床也要 1.5m，加上两侧的床头柜，就要到 2.3m，再加上衣帽柜的宽度 0.6m，一共就有 2.9m。这还是比较理想的计算方式，若在双人床的一侧摆放书桌，那么长度就还要增加，最少要在 3m 以上才比较合适。

装修改造方案：

"将推拉门的位置向外移，减少阳台面积，增加卧室面积"

装修设计后的情况

推拉门向外侧移，给阳台留下 1m 的宽度就足够了。改造后的卧室，因为有充足的长度，就可以在靠近门口的一侧，设计出一个独立式的衣帽柜，使卧室看起来更加整齐，也增加了衣物的储物量。

书桌摆放在了靠近阳台的一侧，这是考虑到接受自然的光线，保护视力。书桌采用了 0.8m 的长度，摆放在卧室中刚刚好。

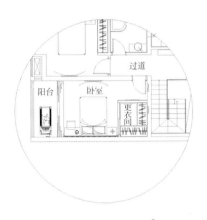

卧室面积： 11m^2
阳台面积： 7.5m^2

问题户型 改造实例

推拉门设计成两侧固定、中间两扇开合的样式，可以对卧室起到更好的保护作用。

设计成玻璃推拉门的衣帽间，相比较实木的开合门，可节省出更多的空间。

状况二

"想要设计衣帽间，卧室的面积却不够"

⚙ 装修设计前的状况

　　加上飘窗的卧室，共有近 $20m^2$ 的面积，作为主卧室而言，面积也算够用了。除去一个 L 形的飘窗空间，卧室很方正，中间摆放一个双人床，看起来会很舒适，也方便设计。但想在卧室中设计衣帽间，问题就比较严重了，因为无论设计在哪里，卧室都会失去其原有的整齐感。

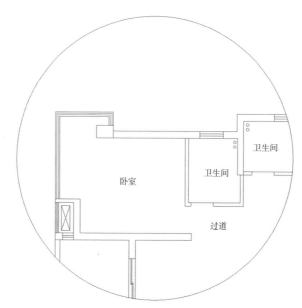

卧室面积： $19.5m^2$

卧室设计常识

① 衣帽间要设计在靠近门口的一侧

　　卧室的布局，一般是靠近门口的一侧，会有整面的墙空出来。而靠近窗边的一侧，墙面的长度很短，不适合设计衣帽间。另一方面，衣帽间设计在卧室的内侧，也就是靠近窗边的位置，会影响卧室内的采光。而设计在门口则不会，还可以形成隔断，保护卧室内的隐私。

② 飘窗的下面可以拆除，设计成柜体

　　大多数的飘窗结构，都是通过室外墙体密封的，室内的墙体则是后砌筑出来的。那么将室内的墙体拆除，就可以获得额外的面积。将其设计为柜体，然后上面还正常铺设大理石，可以提升飘窗的利用率。

装修改造方案：

"将卧室旁边的卫生间，改造成主卧的衣帽间"

 装修设计后的情况

　　这个户型中，原本有两个公共卫生间，功能上有些重叠。于是便将靠近主卧的卫生间，改造成衣帽间。将原有的卫生间门，用红砖封住，再将卧室靠近卫生间的墙体拆除，然后利用隔音棉等材料，将卫生间内的排水管封住，减少噪声。一处独立式的衣帽间就出来了。

　　主卧的原有格局没有受到破坏，还保留了整体的方正感，而且在衣帽间的一侧，还多出了摆放梳妆台的位置。

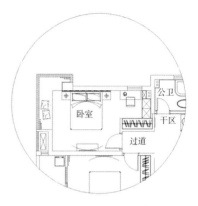

卧室面积： 24m^2

问题户型
改造实例

在飘窗的上面，铺设布艺的软垫子，可以提升坐卧的舒适度，避免触摸到冰凉的大理石。

状况三

"卧室是推拉门，而且里面窗户太多，隐私得不到保护"

✿ 装修设计前的状况

　　户型图里标记卧室的位置，是一处外露的阳台，留有一个推拉门的大垭口，一扇面向室内的窗户，一排面向室外的栏杆。空间的开敞度非常高，三面墙都可以连通外面，只有一面是实墙。将其设计为卧室，会面临隐私得不到保护的情况，而且需要解决的问题非常多。

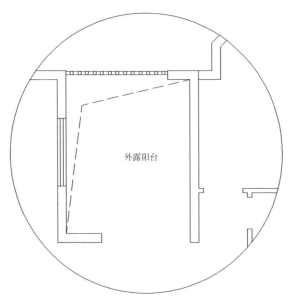

外露阳台

卧室面积： 10m^2

卧室设计常识

① 卧室内不要有太多的窗户

　　卧室相比较客厅、餐厅、书房等空间，是最需要私密性的。若空间里有太多的窗户，还分布在四面的墙体，那么卧室的私密性就会变差。最好的办法是，只保留连通室外的窗户，将其他的窗户都封住。门最好选择不要带玻璃的，即使有玻璃，也要带有磨砂的那种。

② 卧室不要安装大开合的推拉门

　　首先，推拉门相比较套装门更占墙面面积，使原本摆放衣帽柜的位置，变得短小而不实用。其次，推拉门的玻璃通透性太高，卧室内的一切都会被外面看到。最后，推拉门的隔声效果很差，跟实木套装门是不能相比的。

装修改造方案：

"封住窗户及阳台，将推拉门改造成套装门"

🏠 装修设计后的情况

通过封阳台、窗户，再缩小门口，卧室得以封闭起来，看起来更像是一处私密的空间。门口改成单扇的套装门后，里面可以摆放 1.6m 的衣帽柜。床则可以摆放 1.5m×2m 尺寸的，后面的窗户封起来后，可以设计床头背景墙了。阳台用窗户封住后，不会影响采光，而且可以起到保持卧室温度的作用。

卧室面积： 10m^2

问题户型
改造实例

设计衣帽柜时应当注意，通透式的衣帽柜虽然漂亮，但对内部的整洁度要求很高。

封闭的阳台，窗户不要直接到地面，否则卧室会很没有安全感。

状况四

"卧室里的棱角太多，家具很难摆放，使用不方便"

⚙ 装修设计前的状况

　　卧室的整体形状不规整，靠近窗户的一侧还好，但门口位置的棱角就多了些，很不舒适。拐来拐去的墙角，设计衣帽柜很麻烦，不适合买成品的衣帽柜放在里面，会浪费很多面积。而且棱角太多的问题也无法得到解决。

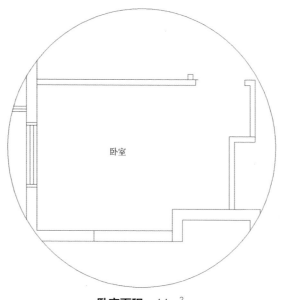

卧室面积： 11m^2

卧室设计常识

① 儿童房内的墙面，不能有棱角

　　儿童住的房间，对安全的要求很高。因为小孩子喜欢到处乱跑，墙面有棱角，就很容易伤害到小孩子。因此，在设计之初，就要想办法解决掉墙面棱角的问题。如果解决不掉，也要在棱角处安装保护设施，即使人撞到了也不会受伤。

② 卧室里不要设计落地窗

　　落地窗的采光非常好，但设计在卧室中并不合适。一方面无法保护卧室内的隐私，里面发生的一切都会被外面看到。另一方面，落地窗的安全性比较低，人不小心撞到上面容易撞裂，因此必须安装栏杆来保护窗户。

装修改造方案：

"定制衣帽柜，将墙面的棱角隐藏起来"

🏠 装修设计后的情况

定制衣帽柜化掉了门口的棱角，还设计出背景墙，使进入卧室的门口处形成了小的玄关区，有利于保护卧室内的隐私。床头一侧的棱角，则通过软装落地灯的陈设化解掉了，反而看起来很具有设计感。

床头对面的墙，设计了一组柜子，外面是酒柜，里面则是卧室的陈列柜，一举两得。

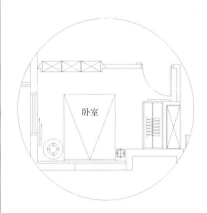

卧室面积： 11m^2

问题户型
改造实例

在有棱角的墙面设计木饰面，使其看起来像设计出来的造型一样，反倒增添了卧室的美感。

在卧室墙面设计陈列柜，可以丰富空间内的设计变化。

"卧室的长宽比例相差太多，带给人狭长且空旷的感觉"

⚙ 装修设计前的状况

　　25m² 对于一个卧室来说，面积已经很大了，但却带给人狭长的感觉。主要原因是卧室的长度太长了，导致长宽比例失调。卧室长度有 6m，这就是说，除了摆放 2m 的大床，两侧共 1m 的床头柜、0.6m 的衣帽柜外，还剩有 2m 左右的空白空间。若不经过设计改造，会显得非常空旷。

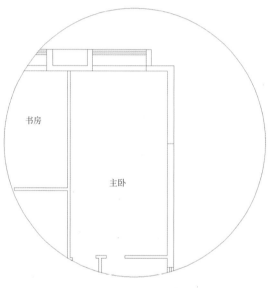

书房

主卧

卧室面积： 25m²

卧室设计常识

① 狭长的卧室要分段、分功能设计

　　首先要避免在宽度上做文章，要保留出足够的流动过道。然后再将长度分为几段，一部分摆放双人床，一部分设计衣帽间，一部分设计休闲区。通过三种不同功能区的分隔，卧室会变得更有层次感，同时化解了狭长的空间感。

② 卫生间的门最好不要直对着床

　　当卧室开着窗，卫生间开着门时，会形成空气的对流，将卫生间的异味带到卧室中来，影响卧室的使用。而且，卫生间的门对着床，视觉效果不美观，无论怎样设计，都会有怪怪的感觉。

装修改造方案：

"将卧室分区，设计独立式衣帽间及休闲区"

🏠 装修设计后的情况

独立式衣帽间的设计，就像为卧室又增加了一道屏障，遮挡住了卫生间的门以及入户门的视线。卧室以及休闲区则为一体，双人床摆放在空间的正中间，休闲椅则靠近飘窗，整体看起来舒适自然。

关键点便是衣帽间的分隔线，使卧室内部既保留了足够的使用空间，又不会显得狭长、空旷。

卧室面积： 25m²

问题户型
改造实例

在双人床的一侧摆放舒适的沙发椅，可以丰富卧室内的生活方式。

对于大面积的卧室，床头背景墙设计得越华丽，其装饰效果越精美。

"两个卧室共用一个阳台，隐私得不到保护"

⚙ 装修设计前的状况

主卧与次卧是可以通过阳台彼此来往进入的，使两个卧室的隐私都得不到保护，彼此无法独立出来。主卧的另一个问题是，进户门与卫生间的门紧挨着，使用起来不方便，会造成相撞的局面。

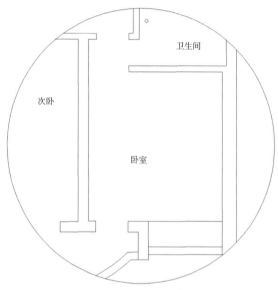

卧室面积： 17m²

卧室设计常识

① 卧室内的墙体拆除与砌筑，要注意隔声的问题

有些小面积的卧室，为了提升卧室内的面积，会将原本很厚的墙体拆除，然后重建。新砌筑的墙体会很薄，虽然减少了占地面积，但会影响卧室的隔声效果。另一种情况是，墙体拆除后，会在原位置设计衣帽柜，那么一定要在柜体的隔板中安装隔声棉，不然衣帽柜的隔声效果会非常差。

② 面积小的卧室，床靠一侧摆放，可以营造出更多的空白空间

床的体积很大，若摆放在卧室的中间，几乎将卧室分成了两部分，而每一部分的面积都会很小，对于小面积卧室来说，很不合理。只有将床靠一侧摆放，将空白面积集中在一起，才能将其更好地利用起来。

装修改造方案：

"通往阳台的门，用柜体封住。主卫的门则改换位置"

🏠 装修设计后的情况

　　用定制柜体将阳台门封住后，里面可以设计层板来陈列饰品或储藏杂物。卫生间的门改换位置后，流动方便了，却挤掉了衣帽柜的位置。因此，将两个卧室间的墙体拆除，设计整面的衣帽柜，在中间隔板的位置加上隔音棉，来阻隔声音。卧室整体上，依然保留原有的格局，同时使用起来也更加便捷了。

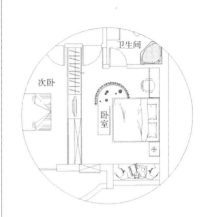

卧室面积： 17m²

问题户型
改造实例

　　梳妆台设计在电视的一侧，设计效果整齐，解放了床头柜两侧的空间。

　　在卧室的地面上铺设地毯，使用起来会非常舒适，但打理起来也比较麻烦。

"只有主卧有朝南面的阳台，洗衣晾晒问题无法解决"

⚙ 装修设计前的状况

这是一个两个卧室朝南，客厅、餐厅等都朝北面的户型。里面只有一个阳台，而阳台又设计在了主卧室中。对于家庭生活而言，洗衣晾晒变得很麻烦，在阳台晾晒衣物，会直接影响卧室的使用，使卧室变得潮湿。

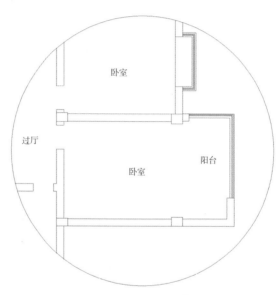

卧室面积：20m²

卧室设计常识

① 卧室与阳台最好不要混在一起设计

如果阳台上需要晾晒衣物，或者堆放物品，那么最好与卧室分隔开来，相互独立。这样可以放大阳台的功能性，同时保护卧室的独立性。两个空间之间最好设计大扇的推拉门，这样不会阻碍卧室内的采光。

② 卧室内，床的摆放不要紧贴窗户

无论是密封效果多好的窗户，都会有风渗进来，人靠近窗户睡觉容易受风，不利于身体健康。所以，床最好与窗户至少保持一个床头柜的距离，应该尽量离窗户远一些。

装修改造方案：

"新建墙体与推拉门，将卧室与阳台分隔出来"

 **装修设计后的情况**

红砖墙砌筑的墙体，保证了卧室的隔声与独立性，双扇的推拉门也不会影响卧室内的采光。关键的地方是阳台、洗衣池的自来水处，以及洗衣机的下水处，需要在砌墙之前设计好，以免返工的情况出现。

虽然改造后的卧室面积变小了，但多出来一个阳台与书房还是很值得的。

卧室面积：12m^2

问题户型
改造实例

推拉门的位置，安装白色的纱帘，可以阻挡白天强烈照射的阳光。

状况八

"过道有一部分空余的面积，但却与卧室隔着一面墙"

⚙ 装修设计前的状况

　　主卧室有 23m² 的面积，其中长度为 6m，若想在卧室中设计衣帽间，是可以实现的。但会略显拥挤，而且会破坏现在的整体比例。同时，外面的过道，有一部分空出来的空间，是不好利用起来的。因此，可以想办法将其设计到卧室中来。

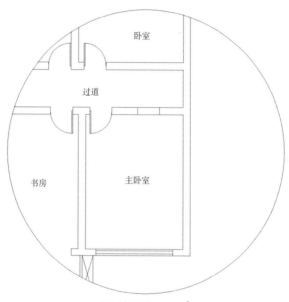

卧室面积： 23m²

卧室设计常识

① 相比较瓷砖，木地板更适合卧室

　　瓷砖的特点是坚硬与冰冷，木地板与其相比较而言，则柔软多了，而且木地板的触感不会冰冷。对于安装地暖的家庭，木地板更易保持恒定的温度，不至于过热，也不至于太凉。

② 卧室内最好不要设计镜子

　　镜子虽然有扩大空间视觉面积的作用，但并不适合设计在卧室。因为卧室是睡觉的地方，镜子里映射出人，总会有不舒适的感觉。即使是设计镜子，也要用带有磨砂或有花纹的装饰镜，弱化镜面的反射效果。

装修改造方案：

"封闭过道，将其划入卧室里面，设计为衣帽间"

🏠 装修设计后的情况

过道封闭起来后，里面成为一个独立的空间，然后在卧室的墙面上开出一扇门与其相连，将其设计为独立式的衣帽间。这样既不会破坏卧室的结构，又增加出了衣帽间的面积，是一举两得的设计方法。

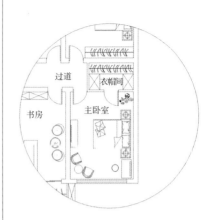

卧室面积： 26m²

将衣帽间的门，设计成双扇的玻璃门，可以增加衣帽间内的采光。

双人床前摆放双人沙发，可以坐在上面看电视，丰富卧室内的生活方式。

"正方形的卧室，掌握不好家具的摆放方式"

⚙ 装修设计前的状况

　　除了进门的一块小玄关外，主卧是非常方正的，看起来非常舒适。但这样舒适的卧室，并不是没有问题的。床头一面墙的长度为 3.5m，就是说，摆放了床及两侧的床头柜后，几乎没有设计衣帽柜的空间。而且，主卫的窗户很小，里面的采光不佳。

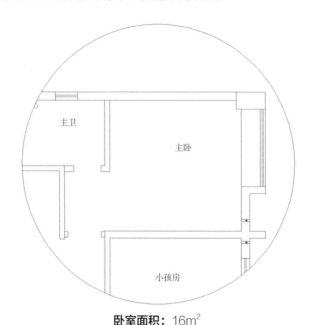

卧室面积： 16m^2

卧室设计常识

① 设计床头背景墙时，最好先选好床具

　　床头背景墙设计好后，几乎是不能再改变的，如果后期选择的床具与床头背景不搭配，会影响卧室内的视觉效果。为避免发生类似的情况，应在设计之初就先选好喜欢的床具，再根据床具的大小与风格，来设计床头背景墙。

② 正方形的卧室，书桌、梳妆台摆放在床对面更合适

　　书桌、梳妆台摆放在床对面，这样床的两侧，就都可以摆放床头柜了。而且，正方形的卧室，其宽度往往是够用的，即使将书桌摆放在对面，也不会影响人的流畅移动。

装修改造方案：

"将电视墙与衣帽柜一体化设计，保留卧室的方正感"

🏠 装修设计后的情况

将电视一侧的墙体拆除，衣帽柜嵌入到里面设计，中间留出摆放电视的空间。整体看起来非常整齐，而且没有破坏掉卧室原有的方正感。另一侧墙面，靠近主卫的墙体全部拆除，采用钢化玻璃分隔，有效地增加了主卫内部的采光，卧室的视野也得到了延伸，给人一种大卧室的感觉。

卧室面积： 16m^2

问题户型
改造实例

在钢化玻璃的隔断上设计印花图案，能起到一定的遮挡作用。

"主卧与次卧的面积都不大，而且阳台还互通，隐私得不到保护"

⚙ 装修设计前的状况

　　主卧室与次卧室分别带有一个独立的卫生间和一个独立的阳台。可以说，每一个卧室的结构都是很好的，同时有着各自的特点。但其中有些地方是存在冲突的，比如主卧室的窗户对着次卧室的阳台，这致使主卧室缺乏私密性。将两个卧室结合在一起设计，组成一个大卧室，可以解决上述的问题。因此，便需要考虑墙体拆除与重建、空间怎样分配的问题。

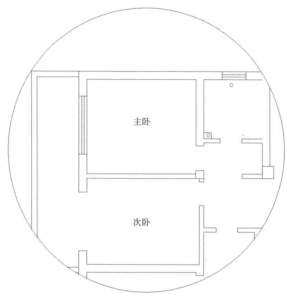

卧室面积： 16m^2

卧室设计常识

① 床具与卧室的最佳比例是 1 : 3

　　人们在面对自己喜欢的床具时，很容易一时冲动买下来，等到安装到卧室中，却发现买大了，摆放后卧室失去了流畅移动的空间。对于小面积的卧室，这种情况是经常发生的。为了避免这种问题，购买床具时，应准确掌握卧室的面积，并按照床具占 1，卧室占 3 的比例来购买。

② 并不是所有的卧室都适合摆放床头柜

　　有些卧室内会摆放书桌或者梳妆台，而卧室的面积是有限的，摆放书桌就要牺牲一侧的床头柜。面对这种情况时，去掉床头柜，摆放书桌是更合理的选择，因为床头柜的主要作用是方便放置手机等物品，而书桌同样也可以放置。

装修改造方案：

"将两个卧室合并在一起设计，以双人床为中心，重新划分空间"

装修设计后的情况

原来主卧室的位置，现在设计为独立式衣帽间；主卫则在原来的基础上，扩增了面积，使里面可以摆放下浴缸；长方形阳台设计为休闲区，紧挨着双人床。而主要的睡卧区，在原来的面积上得到了扩大，形成方正且整齐的空间。

设计的整体思路，是先确定睡卧区的位置，然后再考虑更衣区与卫生间的分配，最后再设计阳台的休闲区。

卧室面积： 25m²

问题户型
改造实例

在卧室与阳台之间，尽量安装双扇，而不是四扇的推拉门，这样可以方便日常的使用与走动。

睡卧区没有多余的功能，因此造型上设计得复杂一些，可以丰富卧室内的视觉变化。

状况十一

"只有剪力墙的毛坯房内，卧室设计不知从何入手"

⚙ 装修设计前的状况

　　只有框架的毛坯房内，看起来非常简陋，卧室与卧室，过道与卫生间都没有明显的分界。让人看起来一头雾水，不知从何下手才好。现在已知的情况，是两个卧室都朝南，一个挨着卫生间，一个拥有阳台。彼此的面积相差不多，但主卧室明显更方正一些。

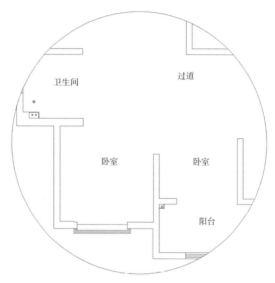

主卧室面积： 20m² 　　**次卧室面积：** 16m²

卧室设计常识

①拆除卧室的墙体时，剪力墙不可拆除

　　剪力墙是用来支撑楼板、承受重量的，拆除后会有楼房倒塌的安全隐患。因此，无论卧室怎样设计，墙体怎样改动，剪力墙一定是不可拆除的，而且还要确保剪力墙的稳固。分辨剪力墙的办法也很简单，一般剪力墙墙体的内部会含有钢筋，与普通墙体会有明显的分界。依靠这两点，就可以轻松地辨别出剪力墙的位置。

② 主卫与主卧之间要设计高于地面的过门石

　　主卧内铺设木地板的情况比较多，而卫生间内都会铺设瓷砖，主要目的是为了防水。设计门槛石的目的也是为了如此，当卫生间发生漏水的情况时，高于地面的过门石，可以阻挡水流向卧室，保护地面的木地板。

装修改造方案：

"将两个卧室合并在一起设计，以双人床为中心，重新划分空间"

装修设计后的情况

主卧室需要一个独立的卫生间与衣帽间，而次卧则只要正常的床与一个衣帽柜就可以了。明白卧室的需求，建立墙体也就变得容易了。但设计时还要掌握一些大的原则，即设计出来的卧室要尽量保证整齐、没有棱角。

在具体设计时，给过道留有 1m 的距离，确定了边缘的墙体，再构造内部的墙体，就变得容易多了。

主卧室面积： 20m²
次卧室面积： 16m²

问题户型
改造实例

主卧室的家具，尽量选择同一系列的产品，这样看起来会更具整体性。

次卧室的衣柜设计样式是值得借鉴的，上面挂衣服，中间陈设玩具，下面则存放杂物。

状况十二

"想扩大主卧室的面积，却受迫于书房的尴尬位置"

⚙ 装修设计前的状况

    20m^2 对于主卧室来说，只能算中规中矩，不算大但也并不狭小。只是卧室内只能摆放衣帽柜，而不适合设计衣帽间。另外还有一个问题，就是主卧室虽然带有独立的卫生间，但面积过小，在里面设计淋浴都会显得拥挤。在主卧室的下面，是一间带有弧形的独立书房，有 11m^2 的面积，若想要扩大主卧室的面积，就只能牺牲书房。

主卧室面积： 20m^2 **次卧室面积：** 16m^2

卧室设计常识

① 卧室的装修材料，要选择吸声好的环保材料

    吸音效果好的材料，可以保证人在卧室内的睡眠质量，不被外界的声音吵醒。尤其是靠近窗户的一侧，室外的噪声经常会传进卧室中来。所以，靠近窗户一侧的墙面，要选择吸音效果好的材料，窗帘也尽量选择厚一些的，以起到阻隔噪声的效果。

② 小面积的卧室里，衣帽柜选择推拉门更节省空间

    面积小的卧室里，床距离衣帽柜也会非常近，若衣帽柜设计成开门的样式，使用起来会非常不方便。相比较下，选择推拉门是更好的选择，而且在使用寿命上，推拉门也要比开门的使用时间更长。

装修改造方案：

"拆除卧室与书房之间的墙体，将书房纳入卧室里面"

装修设计后的情况

　　书房纳入卧室设计后，进入卧室的门也改到了书房的位置，卫生间面积得以扩大，并用钢化玻璃做隔墙，来增加里面的采光。书房与卧室一体化设计后，视野非常宽阔，卧室面积也增加到了 $29m^2$。衣帽柜的设计则和书柜结合在了一起，设计在弧形墙面的一侧。整体的设计效果奢华且大气。

主卧室面积： $20m^2$
次卧室面积： $16m^2$

问题户型
改造实例

　　大面积的卧室里，选择高脚的双人床，可以更好地突出大气与奢华感。

　　书桌要选择与双人床同系列的产品，才能彰显卧室的整体性。

懂装修，有保障

卧室常见问题 Q&A

Q：0 ～ 4 岁孩子的卧室在装修时要注意什么？

A： 0 ～ 4 岁儿童被称为学龄前儿童，在他们眼里，没有流行色，只要是对比反差大、浓烈、鲜艳的纯色，就能引起他们强烈的兴趣，也能帮助他们认识自己所处的世界。对于性格软弱、内向的孩子，儿童房宜采用对比强烈的颜色，可刺激其神经发育；而对于性格暴躁的儿童，房间用一些淡雅的颜色，则有助于其塑造健康心态。

Q：4 ～ 6 岁孩子的卧室在装修时要注意什么？

A： 4 ～ 6 岁孩子的房间在设计方面更偏重于玩耍功能，房间要留有游戏区；孩子长大后，游戏区便可改成学习区，放上写字台或电脑桌等。因此，儿童房的家具不妨选择易移动、可自行调解、组合性高的，方便他们随时重新调整空间，家具的颜色、图案或小摆设的变化，这样有助于扩大孩子想象的空间。

Q：天真烂漫型女孩的卧室装修应该如何布置？

A： 这一类的女孩充满"孩子气"，因而房间设计应具有感性风格。色调方面应明快活泼，对比鲜明，颜色不宜过多。采用黄色、橙色、琥珀色的色彩组合，很具亲和力，添加少许的黄色会发出夺目的光彩，处处惹人怜爱。或用淡黄的明朗色调营造出欢乐、诚挚的气氛。窗帘和床褥宜采用活泼而不幼稚的图案，表现出生活的轻松与舒适。

Q：卧室怎样设计才能让小孩喜欢？

A： 儿童房的颜色不妨大胆些、缤纷些，尽量选用他们喜欢的颜色，这样，小孩待在房间里才不会感觉到陌生和压抑。在色彩和空间搭配上最好以明亮、轻松、愉悦为选择方向，不妨多点对比色。过渡色彩一般可选用白色，要避免阴暗、怪诞的色彩。

Q：老人的卧室装修要特别注意什么？

注意问题	主要内容
照明	老年人对于照明度的要求比年轻人要高 2~3 倍，因此，室内不仅应设置一般照明，还应注意设置局部照明。为了保证老年人起夜时的安全，老人房可设低照度长明灯，夜灯位置应避免光线直射躺下后的老年人眼部。同时，室内墙转弯、高差变化、易于滑倒等处应保证一定的照明，而床头灯则是必备的
空间	老人房的空间要流畅，对于老人来说，流畅的空间意味着他们行走和拿取物品便捷。这就要求家中的家具尽量靠墙而立，家具的样式宜低矮，以方便他们取放物品。以稳定性好的单件家具、固定式家具为首选

Q：卧室的灯光，怎样才能渲染出温馨感？

A：卧室的照明配置历来都以"温馨"二字为先，而渲染这种气氛以卧室的主灯最为重要。因此对主灯造型美感的要求应强过对亮度的要求，才可完成对卧室气氛的营造。卧室主灯的造型，要与整个卧室空间的装饰风格一致。如果选用的家具造型比较简洁，就不要选用款型复杂的水晶吊灯。但如果摆放了西式的古典卧室家具，那一只简简单单的吸顶灯就显得很"单薄"了。

Q：有"老虎窗"的卧室怎样减缓压迫感？

A：这类卧室一般在顶层，面积不大，斜顶中凹陷一大块面积形成天窗，也称"老虎窗"，通风和采光的条件都还不错。房梁上加上一段弧形吊顶，能很好地缓解视觉上的压迫感，为天窗加上耐看的窗帘，既能美化卧室意境，又能起到防风遮光的效果。又或者墙面用一些抢眼的壁纸来装饰，能把人的注意力集中在墙面上，而忽略了空间本身的不足。

Q：跃层碰到不规则的卧室怎么设计？

A：跃层里难免会碰到不规则的卧室，其实不规则卧室在改造时可按照舒缓视觉感的原则进行。例如将视平线以下有压迫感的角落做成展示架，顶上若有梁，可以做成木梁、玻璃梁或做出几道支架，与房梁相互呼应，这样可让卧室整体看上去显得不那么突兀；又或者把高低不同的地方利用起来做储物间或衣帽间等。

Q：卧室应该选择深色地板还是浅色地板？

A：在卧室使用深色调的地板，是出于心理学当中对色彩暗示作用的考虑，在这样的环境中人比较容易入睡，有力地保障了居住者的睡眠，当然长时间置身于一个色彩比较暗淡的环境中也会造成人身心的不悦，因此不妨试试选用一套浅色的床品，形成明显的色彩对比，卧室也会变得生动。

书 房
体验不到安静氛围

"书房面积过大，很难全部利用起来"

⚙ 装修设计前的状况

从书房里独有的两扇窗，就可以看出书房的面积很大，整体又很方正。若将其设计为独立的书房使用，对于有限的房屋面积来说，确实有些浪费。而且，书房的一侧有一处外露的小阳台，应该想办法利用起来。

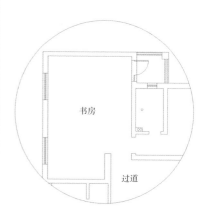

书房面积： 26m²

书房设计常识

① 独立性对书房来说很重要

书房是一个人静静看书，或者处理工作的地方，需要静谧的环境。若书房为敞开式的，对声音就形不成阻碍，也容易被他人打扰。因此，书房一定要安装上实木门或者推拉门才行，与外界形成阻隔，将书房打造成独立的空间。

② 书房要选择带有窗户的房间

昏暗、接触不到自然光的书房，对人的视力健康有很大影响。因此，用作书房的空间，必须有一面带有窗户，一般设计在北面更合适，因为太强的光线同样对视力健康有影响。将南面的房间留给卧室。

装修改造方案：

"将书房缩小到合适的面积，其余面积则独立出来使用"

🏠 装修设计后的情况

　　改造后的书房，实际上变成了三个不同功能的独立空间。分别是书房、衣帽间以及洗衣间。其中，洗衣间的门设计在书房里，使用时会经过书房。衣帽间则是完全独立出来的。原本书房一侧的小阳台，也划近主卫里做浴缸区。

书房面积： 16m²

书桌靠窗口摆放，可以增加照射在桌面上的自然光线。

墙面造型与书柜结合在一起设计，使书房更具装饰美感。

"独立式的书房，想改造为敞开式的，不知道从哪里入手"

⚙ 装修设计前的状况

书房对于某一些家庭来说，是很重要且私密的空间，而对另一些家庭来说，书房更像是一个小的休闲区，可以在里面读书、聊天，甚至游戏。对于这种需求的人们，书房的独立性变得不再重要，敞开式的设计更适合他们。

户型图内的书房，是一处独立的空间，需要开合套装门才能进出。外面则是狭长且接收不到自然光线的过道，略显昏暗。因此，将书房设计为敞开式的，也许会对过道有很大的帮助。

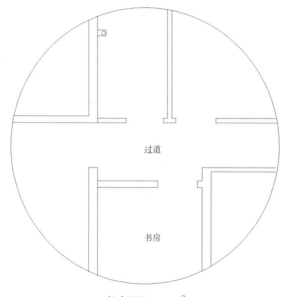

过道

书房

书房面积：9m²

书房设计常识

① 敞开式的书房，设计地台可使其更独立

敞开式的书房，意味着与其他空间是混在一起的，若不通过一些设计手法使其独立出来，设计效果会非常差，而且人在空间中也不会有安全感。在地面设计地台，是很好的设计方法，既不阻碍书房的开敞性，又与其他空间有了明显的分隔，使其从其他空间中独立出来。

② 在书房摆放小沙发，读书乏累时可提供休息

若书房的面积比较大，那么适合摆放双人沙发加一套茶几；若书房的面积比较小，则摆放单人座的沙发再搭配一个角几会更合适。一般沙发的位置要靠近门口摆放，将靠近窗口的空间，留出来摆放书桌椅。

装修改造方案：

"靠近过道一侧的墙体全部拆除，在地面设计抬高的地台"

🏠 装修设计后的情况

　　靠近过道的一面砖墙全部拆除后，过道显得不再昏暗了，接收到了充足的自然光线，而且弱化了过道的狭长感。书房则通过设计地台，使其与过道分隔开，还是一处相对独立的空间。地台的设计高度，则保持在一节楼梯踏步的高度为 15~20cm 之间。里面设计木地板，过道则是瓷砖，通过材料的区别，形成隐性的空间分隔。

书房面积： 9m²

🏠 问题户型 改造实例

　　利用书柜的下面，设计隐藏式的沙发，很适合面积较小的书房。

状况三

"书房面积很小，没有适合摆放书柜的地方"

✿ 装修设计前的状况

　　书房朝北面，面积有 10m^2，是 3m×3m 的正方形空间，整体的比例感觉舒适。但对于要摆放书桌椅、书柜，以及小沙发的书房来说，面积就小了一些。如果在书房里，摆放一张长 1.5m 的书桌，书柜就找不到合适的摆放位置。

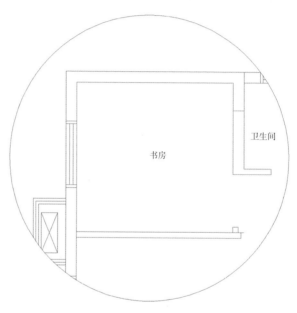

书房面积： 10m^2

书房设计常识

① 带有飘窗的书房，书桌可以设计在飘窗上

　　对于小面积的书房，每一块地方都是很珍贵的，有飘窗自然要合理地利用起来。实际上，可以围绕着飘窗，定制一款书桌，使书桌的两条腿固定在飘窗上，两条腿固定在地面上，这样可以节省出摆放书桌的面积，使空出来的地方可以摆放小沙发或者书柜。

② 定制书柜，可使其与书房更好地结合

　　一般所购买的书柜，长度都是固定的，基本都是 0.6m 长，然后几组排列在一起。这对于一部分书房来说，会发生摆放一组短，摆放两组长的情况。为了将书房更好地利用起来，采用定制的书柜更加合理，可以按照墙面的长度来设计书柜，不至于发生浪费的情况。

装修改造方案：

"将书柜嵌入到墙体设计，节省出更多的书房面积"

 **装修设计后的情况**

　　拆除一部分书房与卧室之间的墙体，将书柜嵌入到里面设计，这样就节省了书柜的占地面积，同时保留了书房方正的结构。在书桌的一侧墙面，则设计主题墙，与对面的书柜形成设计上的呼应，提升书房内的设计效果。

书房面积： 10m²

问题户型改造实例

　　书房安装百叶帘，方便调节自然光的照射强度，同时也便于打理。

　　嵌入墙体的书柜，安装木制的推拉门，可防止灰尘落入书籍中。

"进入书房有一段狭长的空旷区，给人的感觉很不舒适"

⚙ 装修设计前的状况

　　书房的外面，是一处敞开的空间，不同于过道，但又没有明确的用途。进入书房，每次都要经过这样一段空旷的区域，使书房显得过于狭长了，很不舒适。若书房的门关上，这段空白区，便接收不到一点自然光，显得特别昏暗。

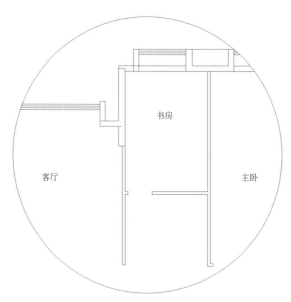

书房面积： 16m²

书房设计常识

① 小面积的书房，书桌适合贴墙摆放

　　书桌如果横着摆放，意味着书房被分隔成两部分，而每一部分的面积都很小，无法将其合理地利用起来。只有将书桌贴墙摆放，才能将空白面积集中在一起利用，或是摆放小沙发，或是空出来当作公共空间。

② 在书房里设计榻榻米，实用价值更高

　　设计榻榻米的书房，里面适合摆放那种很矮的小书桌，而不是常规的高脚书桌。读书或工作乏累时，可以直接躺在榻榻米上休息。当家里来客人，缺少房间住人时，书房也可以当作临时的客卧使用。

装修改造方案：

"将书房设计为敞开式的，并将入口处设计为休闲区"

 **装修设计后的情况**

　　重新设计后的书房，相当于做了功能分区，外侧设计为家庭休闲区，里面则依然作为书房使用。然后通过地面抬高的地台，作为两个不同功能区的分隔。同时，敞开式的书房，不会限制自然光照射到休闲区，反而会提升那里的亮度。

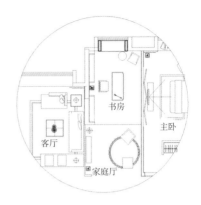

书房面积： 16m²

问题户型
改造实例

书房区域，全部采用深沉的实木来设计，即使是敞开式的书房，也依然具有独立性。

"长度很长的书房，书柜的摆放位置成了问题"

⚙ 装修设计前的状况

书房的长度为 4m，宽度为 3m，同时还拥有一个飘窗。书房的三面墙都是承重墙，是不能拆改的，只有挨着儿童房的一面墙可以改动。而书房中，书桌椅的摆放位置是固定的，一定要靠近窗边。但书柜的设计位置无法确定，这便是需要着重设计与考虑的地方。

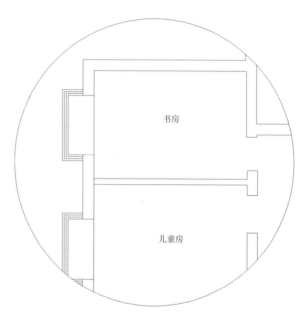

书房面积：12m²

书房设计常识

① 长方形书房设计，应当注意层次变化

长方形书房若设计得缺乏层次感，会带给人一种狭长的感觉。因此，设计时，将功能分区、分段地设计出来，可以减弱书房的狭长感。通过设计沙发区、书柜区、书桌区三部分，将书房更加理性化地设计出来。

② 书房内的书柜选择带有开门的，能保护书籍不落灰尘

常规设计的书柜，基本都是下面为柜体，上面是敞开式的隔板，方便摆放书籍和装饰品。但这种设计样式，经常使书籍上堆满灰尘，又很难打理。对于书籍数量比较多的家庭来说，更适合选择带有开门的书柜，以更好地保护到心爱的书籍。

装修改造方案：

"将书柜设计在入门的拐角处，对侧墙体拆除则留给卧室使用"

装修设计后的情况

书房对侧的墙体拆除后，新建的柜体，留给了卧室当衣帽柜使用。而书房的书柜，则设计在入门的拐角处，书桌则布置在窗边。虽然书房的面积比之前小了一些，但布置得却很有层次感，整体看起来舒适且自然。

书房面积： 11.5m²

问题户型 改造实例

书房的灯光要选择柔和的、多光源的，可以更好地保护视力健康。

在书房的墙面上，设计大幅的装饰画，可以缓解工作或读书带来的紧张心情。

状况六

"又想要敞开式书房，又想保有独立性，很难两全"

⚙ 装修设计前的状况

　　书房的一侧是厨房，一侧是卧室，全部是朝北面的。书房是独立式的，里面拥有一个小的飘窗。若将书房设计为独立式的，几乎不需要改动什么。但若将书房设计为敞开式的，就需要有墙体的拆改了。

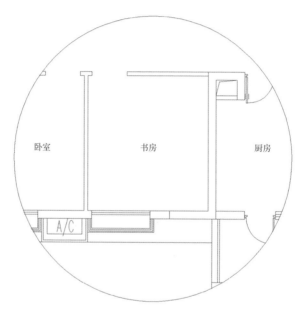

书房面积： 11m^2

书房设计常识

① 在书房内摆放绿植，可以起到提神醒脑的作用

　　绿植可以吸收二氧化碳，排放氧气，改换书房内的空气质量。一般绿植的摆放位置，越靠近窗口越好，接收到阳光可使其更好地生长。像一些不喜光的绿植，则应摆放在靠近门口的位置，避免阳光直射，同时起到装饰书房的效果。

② 在家庭储物空间不足的情况下，书房也可用来储物

　　利用书柜下面封闭的空间，来存放家庭里的一些不常用到的杂物，上面则依然摆放书籍和装饰品，不会对书房产生任何影响。这样就可以放大书房的价值，使其成为不只是用来读书与处理工作的地方。

装修改造方案：

"拆除外侧墙体，设计地台，同时安装布帘用以遮挡"

 装修设计后的情况

　　书房共拆除了两面墙体。一面是紧挨着卧室的墙，拆除后设计为卧室的衣帽柜；另一面是门口一侧的墙体，设计为了全敞开式空间。为了满足书房对私密性的要求，在垭口的两侧，安装了布帘，用时可以拉上，使书房独立，不用时敞开使书房与其他空间连通。同时，地台的设计，也形成了书房的隐性分隔，使人经过时，将脚步放缓下来。

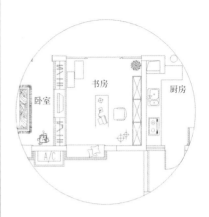

书房面积： 11.5m²

问题户型
改造实例

书房里的装饰效果，主要都来自精美造型的家具。选好家具，书房就会有很美的设计感。

状况七

"想增加独立式书房的通透性，却找不到合适的设计方案"

⚙ 装修设计前的状况

　　书房除了与阳台相连，与客厅互通之外，与其他空间并没有明显的联系，是一处相对独立的空间。若想要增加书房的通透性，就需要拆改墙体，并重新设计结构了。

　　书房的优点是朝南面，有充足的太阳光，而且中间隔着阳台，在书房内看书，也不会被阳光直晒到。

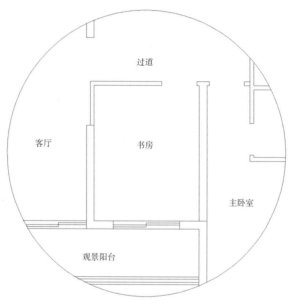

书房面积： 9m²

书房设计常识

① 拥有阳台的书房，应当在阳台多种些花花草草

　　人们经常看绿色，可以有效地缓解视觉疲劳，保护眼睛的健康。绿植也最适合种植在阳台了，因为那里有充足的太阳光，滋养绿植生长。坐在书房内，可以观赏阳台的绿植，将阳台的景色"借"到书房里来。

② 书房要选择隔音性能好的推拉门

　　推拉门与套装门相比较，隔声效果会差一些。而书房对安静环境的需求是很大的，因此推拉门的选择，是需要测试隔声效果的。一般而言，带有双重玻璃的推拉门，隔声效果更好，选择这种推拉门安装在书房，是比较合适的。

装修改造方案：

"红砖墙改为玻璃隔断，增加书房通透性的同时，保有独立性"

装修设计后的情况

设计改造后的书房，面积在原来的基础上小了$1m^2$，主要是因为书柜一侧的墙体借给卧室使用了。一半设计为卧室的衣帽柜，一半则设计为书柜。

进门一侧的墙体则全部拆除了，改用了隔声效果良好的玻璃隔断，并设计了对开的双扇玻璃门。书房的通透性得到了提升，也变得更加大气了。

书房面积：$8m^2$

问题户型 改造实例

书房里多设计些镜面材质，同样可以提升空间的通透感。

对开的玻璃门设计效果大气，同时还能为过道提供采光。

状况八

"想在卧室里设计出书房的空间，空间规划上很难实现"

⚙ 装修设计前的状况

　　卧室与卫生间、厨房是相互连通的，都处在南面。若将厨房保留，使其紧挨着卧室，显然是不合适的。因此，设计之初的整体思路是，将厨房、卧室以及卫生间融合为一个整体空间，然后在里面设计卧室，增加书房，改造卫生间。

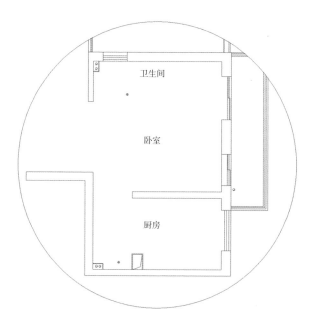

卧室、卫生间及厨房总面积： 58m²

书房设计常识

① 书房的照明设计要有层次

　　书房并不像客厅、卧室等空间一样，对主光源的照明非常依赖。书房的照明设计更适合用多点分散的形式，来代替明亮的主光源。具体的设计中，吊顶可采用射灯与筒灯，来代替吊灯或吸顶灯，然后搭配书桌边的台灯，以及沙发边的落地灯，共同营造书房照明的层次感。

② 书房内少设计深色调的材质

　　书房内过多的深色调，会使空间变得昏暗，影响人的精神状态。多设计一些明朗或中性色的色彩，可使书房更温馨明亮，使身处其中的人心情变得愉悦轻松。这可以提升读书或工作的效果。

装修改造方案：

"书房设计在中间，来分隔卧室与主卫，同时充当玄关区"

 **装修设计后的情况**

原来厨房的位置，现在设计为卧室，原来卧室的位置，则设计为书房，卫生间的位置保持不变，并在一侧增加出一个衣帽间。改造之后的整体空间，变得整齐且有规则。书房充当中间的缓冲地带，是很合适的，既可满足阅读的独立性，又能成为临时的休闲区。

值得关注的是，阳台分成了两段，一段用来做洗衣房，另一段则设计为浴缸。通过这一系列的设计改造，使每一小块面积都得到了恰当的利用。

书房面积： 20m^2

问题户型
改造实例

靠近卧室墙面设计的整体书柜，里面无论摆放书籍，还是装饰品，都会有精美的装饰效果。

状况九

"将餐厅改造为书房，但问题是，采光没有办法解决"

⚙ 装修设计前的状况

　　入户门的左手边是餐厅，向里面去是客厅，再向里面则是一间卧室、厨房以及公用卫生间，没有适合设计书房的空间。最好的办法只能是将餐厅改造为书房，然后将餐厅设计到厨房里面去。但所面临的问题是，餐厅没有窗户，若设计独立式厨房，则里面将毫无采光。

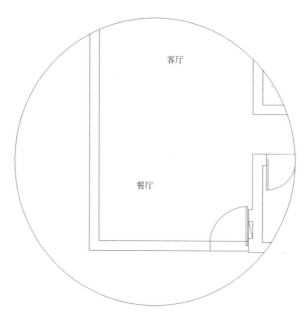

卧室、卫生间及厨房总面积：58m²

书房设计常识

① 板材设计书房的隔墙时，里面一定要加隔声棉

　　没有隔声棉的板材隔墙，隔声效果非常差，即使外面有人走动，书房内也会听得非常清楚，严重影响安静的氛围。安装隔声棉时需要注意，铺设一定要均匀，不要有遗漏的地方，隔声棉的选择也应要那种密度较高的材质。

② 玻璃设计书房的隔墙时，要选择双层的隔声玻璃

　　单层的玻璃隔声效果比较差，很不适合用作书房的隔墙。双层的玻璃则更好一些，隔声效果也比较理想。选择双层玻璃时，最好选择中间带有百叶帘的，这样不仅使用起来方便，还能保护书房内的隐私。

装修改造方案：

"钢化玻璃做隔墙，同时结合书柜设计在一起"

装修设计后的情况

　　书房面向客厅的一面，也就是有阳光的一面，采用了双层的玻璃隔墙。而面向玄关的一面，则设计了一面墙的书柜，书柜的里面可以摆放书籍，外面则作为隔墙使用。站在玄关的位置是完全看不出来的。

　　整体改造之后，书房虽然处在暗间，但也能通过玻璃隔墙接收自然光，面积虽然小了一些，却很温馨。

书房面积： $20m^2$

问题户型
改造实例

　　玻璃隔墙的位置，选择百叶帘或白色的布艺帘都是不错的选择。

　　暗间的书房，墙面全部涂刷成白色，能起到提亮的效果。

懂装修，有保障

书房常见问题 Q&A

Q：如何装修才会让书房有读书的气氛？

A： 在书房里要合理地安排空间，通常会出现三个区域：

在工作区，所有常用的东西都要保证能够很方便地拿到；在辅助区，可以安排那些不常用的设备，比如，传真机或打印机；而在休闲区，可以安排一些娱乐项目，或者根据需要做成一个会客厅，并通过一些放松的活动来调节你的工作节奏，比如弹钢琴、浇花。总之，书房应该是个舒适的空间，即使是工作，也是一个令人愉快的地方。

Q：设计书房要注意什么？

注意问题	主要内容
自然通风	书房内的电子设备越来越多，如果房间内密不透风的话，设备散热令空气变得污浊，影响身体健康，所以应保证书房的空气对流顺畅。同样，摆放绿色植物，例如万年青、文竹、吊兰，也可以达到洁净空气的目的
温度适宜	因为书房内摆放有电脑、书籍等，因此房间内的温度应比较适宜。某些设备的使用对温度也有一定的要求，例如电脑不适宜摆放在阳光直射的窗口旁、空调机吹风口下方、暖气附近等
采光要好	书房采光可以采用直接照明或者半直接照明的方式，光线最好从左肩上端照射。一般可以在书桌前方放置亮度较大又不刺眼的台灯
色彩柔和	书房的色彩一般不适宜过于耀眼，但也不适宜过于昏暗。淡绿、浅棕、米白等柔和色调的色彩较为适合。但若从事需要刺激而产生创意的工作，那么不妨采用鲜艳的色彩来引发灵感

Q：适合孩子学习的书房应该如何装修？

A： 在住宅中设置儿童书房，最好选择一处远离干扰的宁静空间，让其能够心平气和地专心学习。内部环境方面，书房应设置在距离客厅、餐厅、厨房和卫生间较远处，这样可以在一定程度上避免其他家庭成员的日常活动影响孩子的学习。

书房的墙面及家居用色应以柔和的颜色为主，如乳白或鹅黄等淡雅的颜色，切忌使用大红、大绿或杂乱的拼色。过于鲜亮夺目的色彩容易伤及眼力，也使人无法静下心来持久阅读学习。同样，书房中的灯火也要柔和不刺眼，孩子在其中学习才不会损害视力，思维也不容易被扰乱。另外，地面应选用木地板或地毯等材料，而墙面的材料最好选用壁纸、板材等吸音较好的材料，以保持书房的宁静。

Q：书房如何能够有明堂？

A：书桌前面应留有空间，眼前的视野宽阔，自然会有平和的心态进行学习和工作，即所谓的"明堂要宽广"。有人认为一般书房并不是很宽敞的地方，如何能够有明堂？事实上以门口为方向，外部就可成为明堂，令使用者思路敏捷、清晰无碍。

Q：如何设计中式传统风格的书房？

A：中式传统风格，一般要求朴实、典雅，体现传统意义上的"书斋"韵味。这种书房主要是体现在家具设计上，中式家具多采用方正的线条，加上中式书柜、茶几、屏风，并以中国字画、古玩等点缀其间，构成极具中式风格的书房。

Q：书房有几种布置形式？

布置形式	主要内容
一字形布置	将写字桌、书柜与墙面平行布置，这种方法使书房显得十分简洁素雅，造成一种宁静的学习气氛，适合小面积书房
L 形布置	一般是靠墙角布置，将书柜与写字桌布置成直角，这种方法占地面积小
U 形布置	将书桌布置在中间，以人为中心，两侧布置书柜、书架、小柜或沙发，这种布置使用较方便，但占地面积大，只适合于面积较大的书房

Q：书房如何选配家具？

A：书房家具主要有书柜、电脑桌（或书桌）、座椅三种。选择时要注意：尽可能配套选购，这三种家具的造型、色彩应尽量一致，座椅应以转椅或藤椅为首选。坐在书桌前学习、工作时，常常要从书柜中找一些相关书籍，带轮子的转椅和可移动的轻便藤椅可以带来不少方便；书柜内的横隔板应有足够的支撑，以防天长日久被书压弯变形。书桌、书柜都可考虑量身定做。如两人同时在家办公和学习的书桌目前市场上难以寻觅，不妨在沿窗子的墙面，做一个 50cm 左右宽、2m 多长的条形书桌，则可同时满足两个人办公、学习的需要。

厨 房
橱柜台面总不够用

状况一

"厨房狭长拥挤，只能容纳下一个人"

⚙ 装修设计前的状况

厨房的长度为 3m，宽度为 2m，是一处传统的长方形空间。三面分别挨着卫生间、客厅与阳台，只有靠阳台的一面有窗户。在不改变格局的情况下，厨房只能选择 L 形的布置方式，即靠近窗户的一侧放洗菜池，靠近烟道的位置放吸油烟机。这样布置好后，厨房会非常拥挤，只能容纳下一个人，而且没有摆放冰箱的位置，实用价值很低。

厨房面积：6m^2

厨房设计常识

① 冰箱应尽量放在厨房里

冰箱放在厨房里，是考虑到两个方面。一是冰箱离厨房近，方便拿取食物煮饭烧菜。如果冰箱放在其他空间，会增加拿取食物的距离；二是冰箱占地面积大，影响设计效果。无论把冰箱放在餐厅还是客厅，都会增加装饰设计的难度，因为冰箱突出的面积非常难处理，影响整体的设计效果。

② 洗菜槽最好靠近窗户

窗户是自然光照射到厨房的入口，越靠近窗户，采光自然越好，也就越明亮。而将洗菜槽设计在窗口，更加方便洗菜，因为看得清晰了，菜自然也就洗得越干净了。

装修改造方案：

"拓宽厨房的宽度，改变厨房的进门位置"

装修设计后的情况

改造后的厨房虽然只增加了 1.5m^2 的面积，但却更实用了。主要原因是，将原本狭窄的长方形变成了方正的空间。支持这种设计方案的前因，是客厅有足够的宽度，即使占到了客厅的面积，也不会受到很大的影响。

厨房的进门改向阳台一面，主要是留出电视背景墙的设计空间。同时，设计成玻璃推拉门的厨房门，使厨房的采光也得到了提升。

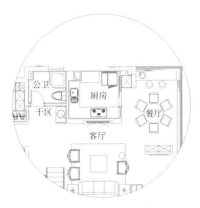

厨房面积： 7.5m^2

问题户型
改造实例

U 形的橱柜布局，使厨房空间的利用率得到了提升。

利用双开门冰箱上面的空闲面积，设计成柜体，增加厨房的储物空间。

"厨房与卫生间共用一个过道，日常使用很不方便"

⚙ 装修设计前的状况

厨房与卫生间看似是两个不同的入口，可实际上，进入两个空间却要经过一个独立的过道，感觉很不舒适。主要是因为门口的独立过道，里面没有采光，显得很昏暗。此外，过道的空间完全是浪费的，无法合理地利用起来，还占去了厨房的有效面积。

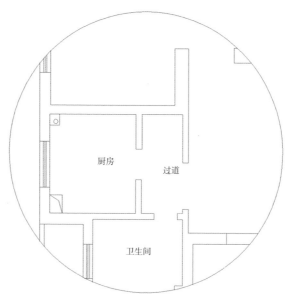

厨房面积： 5m^2

厨房设计常识

① 厨房门离卫生间门要远一些才好

厨房是煮饭烧菜的地方，而卫生间则是处理个人卫生的地方。若两个门口离得较近，那么卫生间的味道会飘散到厨房里，影响厨房的空气环境。同样，厨房的油烟，也会飘散进卫生间里，影响卫生间的清洁。为了避免这种情况的发生，厨房门应当离卫生间门远一些。

② 厨房使用推拉门比平开门更方便

平开门每次使用时都需要开合关闭，而且平开门的开启方向，会占去一部分的厨房面积。而推拉门则不会占用厨房面积，推拉起来也比较方便。比如，手中端着菜的情况下，开合推拉门显然比开合平开门更省力且快速。

装修改造方案：

"拆除墙体，将过道面积划入厨房及卫生间"

 **装修设计后的情况**

过道四分之三的面积划入厨房，扩大了厨房的使用面积；四分之一划入到卫生间，主要是为了方便卫生间门的开合。改造后的厨房，整体上相当于向外扩展了，里面变得宽敞且明亮，也可以摆放下双开门的大冰箱。门采用了双扇的推拉门，这样可以增加阳光向客厅的投射，增加通透性，而且方便使用。

厨房面积：8m²

问题户型改造实例

橱柜设计晶钢门，档次虽然略低了些，却方便厨房的日常清洁。

. 状况三

"厨房是异形结构，推拉门和橱柜不好设计"

⚙ 装修设计前的状况

　　厨房对于室内的户型来说，整体都是倾斜的，这导致了厨房的门口与厨房的内部形成了斜边四边形造型，推拉门的设计成为问题。若整个入口都设计推拉门，就大大增加了推拉门的门扇宽度，门扇过宽，推拉门便容易断裂。另一个问题是斜着安装推拉门，橱柜会没有办法收边。

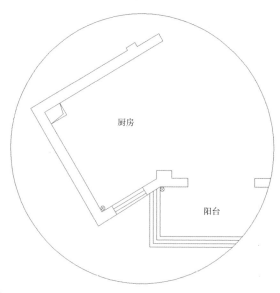

厨房面积： 7.5m^2

厨房设计常识

① 厨房门离卫生间门要远一些才好

　　推拉门门扇的宽度越宽，其受力的面积便越大，也就说明推拉门越容易断裂，尤其对于玻璃的推拉门来说更是如此。但若将单扇门的宽度限定在 1m 以内，就可以很好地避免这种问题。还有另一种方法是在推拉门的中间安装加固的横撑，减少玻璃的受力面积，以起到保护推拉门的作用。

② 不规则厨房关键看橱柜的摆放

　　影响厨房正常使用最关键的因素是面积和橱柜的摆放。厨房的形状虽然不规则，但面积是足够的，因此主要是看橱柜怎样合理地摆放。改造的原则首先思考厨房的摆放位置，其次考量橱柜使用是否方便，最后再去重新建造合适的墙体。

装修改造方案：

"门口设计尖拱形，将厨房面积最大化"

 **装修设计后的情况**

改造的方案其实很简单，就是沿着两边的墙体，做自然的延伸，然后寻找交接点。这样设计最大的好处，便是扩大了厨房的面积。然后，将较长的一侧墙面设计推拉门，另一侧则设计玻璃砖隔墙，方便橱柜边角的固定。推拉门缩短后，单扇的宽度变窄，质量也更加可靠了。

厨房面积： 8m^2

问题户型
改造实例

橱柜只有随着厨房的形状变化，才能有效地节省出空间面积。

"厨房两边的墙体不齐，导致没有办法安装推拉门"

⚙ 装修设计前的状况

　　这是一个长方形的厨房空间，宽度只有 1.8m，属于狭窄型的厨房。在这种厨房的宽度下，橱柜只能设计一侧，而不能两侧都设计，不然会没有走路的空间。厨房里的另一个问题是两边的墙体一长一短，推拉门没有办法安装，左侧短墙外的空白空间也无法利用起来。

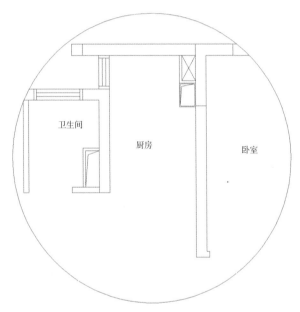

厨房面积： 5m^2

厨房设计常识

① 厨房里一定要有窗户

　　因为厨房里会经常产生油烟，如果没有窗户，会导致厨房内的空气无法流通，里面总会充斥着油烟的味道。而且，洗菜切菜的时候，都需要有自然光，太暗的厨房内，是无法将菜叶清洗干净的。总的来说，窗户对于厨房的作用有两点，一是通风，二是接收自然光。

② 吸油烟机的安装要靠近排烟管道

　　理论上，只要吸油烟机与排烟管道之间安装有排烟管道，油烟的排放便不会有问题。但现实情况是，排烟管道越长，排烟效果越差。初期还不明显，时间久了，管道里积满油烟，排烟效果会受到非常严重的影响。为了好用起见，吸油烟机的安装，还是应该离排烟管道近一些。

装修改造方案：

"延长一侧的墙体，使其齐平，再安装推拉门"

🏠 装修设计后的情况

　　延长出来的墙体，并没有采用红砖墙砌筑，而是选择了轻钢龙骨隔断。这样设计的好处是，可以减少墙体的厚度，留出更多的空白空间。借助延长出来的墙体，卫生间设计了干湿分离区，将原本空闲的面积利用了起来。对于厨房来说，推拉门的安装就更合理了，厨房的整体面积也得到了增加。

厨房面积：7m^2

问题户型
改造实例

厨房设计石膏板吊顶，一定要涂刷防水乳胶漆，延长吊顶的使用寿命。

状况五

"厨房与餐厅是连通的，无法阻隔油烟向餐厅的飘散"

⚙ 装修设计前的状况

厨房加上餐厅的整体面积是很大的，而且处在同一处敞开的空间内，里侧靠窗户的位置是厨房，靠外面则是餐厅。如果将厨房与餐厅结合在一起设计，会具有大气、奢华的效果，但同时问题也很明显，厨房内的油烟，会严重地影响到餐厅以及其他空间的清洁。

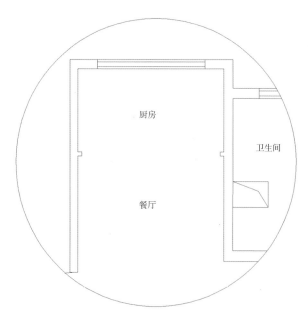

厨房面积： $14m^2$

厨房设计常识

① 厨房应尽量设计封闭空间

中国人做饭喜欢炒、煮、蒸、炸，这样就会产生大量的油烟，若厨房是敞开式的，油烟会顺着餐厅，一直影响到客厅以及卧室等空间。为了保护其他空间不受厨房油烟的影响，设计封闭式的厨房是更好的选择。

② 餐厨一体化空间，要选择吸力强的油烟机

吸油烟机越好，吸油烟的能力便越强，也就可以阻止油烟向餐厅飘散，以及影响到其他空间。各种吸油烟机相比较，平吸式的吸烟效果最好，侧吸的则相对较差一些。但在选择时，品牌也很关键，选择那些知名的品牌会更有保障。

装修改造方案：

"在厨房与餐厅之间，设计四扇的玻璃推拉门"

📞 装修设计后的情况

厨房与餐厅之间的阻隔，只选择了推拉门，而没有砌筑墙体。这样设计的好处是，自然光可以更好地照射到餐厅，而不使餐厅显得昏暗。玻璃推拉门的样式，也不要选择那种花纹样式多的、设计复杂的，而是简简单单的最好，更容易搭配空间的设计风格。

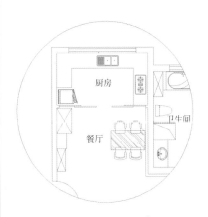

厨房面积： 6m²

问题户型
改造实例

U 形厨房的过道空间，距离最好在 1.5m以上，使用起来才比较舒适。

厨房设计百叶帘不怕油烟，使用起来也极为方便。

"厨房挨着卧室门口，设计时该注意些什么？"

⚙ 装修设计前的状况

　　厨房是敞开式的，里面有一扇朝北的小窗户，外面则紧挨着卧室的门口，以及空白的餐厅空间。如果厨房依然保留敞开式的设计，明显会影响到卧室内的环境，因为油烟会顺着门口飘散到卧室里面。

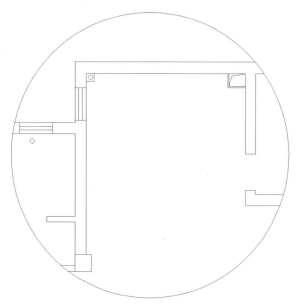

厨房面积： 8m²

厨房设计常识

① 冰箱摆放不要紧挨着吸油烟机

　　吸油烟机在吸烟排气的过程中，会将所有的油烟聚集在周围，而冰箱金属的外壳又非常容易沾油烟，离得太近，就会使冰箱的表面很快挂满油烟，清洁起来非常麻烦。解决的办法分两步，一是移动冰箱的位置，远离吸油烟机；二是在冰箱的上面铺层布帘，防止油烟的堆积。

② 洗菜槽与吸油烟机之间，要留有切菜的空间

　　厨房的正常操作程序是，先洗菜，然后切菜，最后炒菜。为了使流程进行得顺利，切菜板就要设计在洗菜槽与吸油烟机之间，这样无论哪边使用起来，都非常的便捷。在厨房面积允许的情况下，切菜板的长度最好在 0.4m 以上。

装修改造方案：

"厨房封闭很关键，同时留出卧室门口的过道空间"

🏠 装修设计后的情况

厨房安装四扇玻璃推拉门，来形成封闭式的空间，使其与餐厅分隔开来，与卧室相互独立。里面值得注意的细节是，推拉门不是直接固定在两侧的墙上，而是固定在新砌筑出来的两面短墙上。这是考虑到推拉门的日常推拉，会使边框与墙面形成裂痕，而固定在新砌筑出来的短墙上就可以避免这种问题。

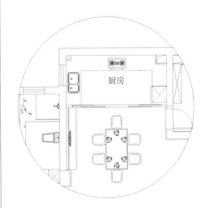

厨房面积：8m²

问题户型
改造实例

微波炉、电烤箱等厨房电器，与冰箱设计在一侧，可使空间得到更好的利用。

"厨房门设计在了墙体的中间，导致一部分面积无法使用"

⚙ 装修设计前的状况

这是一处封闭式厨房，是单开门的设计形式。有一个明显的问题是，开门的位置很尴尬，设计在了厨房的中间位置。虽然开门在外面看起来很舒适，但使用起来却非常不舒适，向左开，则左面连冰箱都放不下，向右开，则右面的空间都浪费掉了。

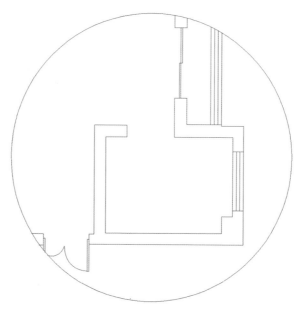

厨房面积： 8m^2

厨房设计常识

① 厨房安装的套装门，最好设计有玻璃

设计玻璃的原因主要是，增加厨房里面的采光。因为一般情况下，厨房朝北面，而且窗户往往都很小，里面的光线略显昏暗。设计了带有玻璃的套装门，可以使餐厅的光线投射到厨房里，使厨房变得明亮。

② 厨房的洗菜槽，离下水管越近越好

厨房里的下水管，是最容易堵的地方，因为经常会有菜叶等杂物顺着水流下去。应对这种情况，应当缩短下水管的长度，而且保持竖直的坡度，避免横向的坡度。这样就可以有效地防止下水管堵塞。

装修改造方案：

"拆除门口的墙体，设计为敞开式厨房"

 **装修设计后的情况**

橱柜的门口拆除扩大后，变得宽敞多了，而且增加了厨房里的采光。之所以没有再设计推拉门上去，是因为厨房处在角落里，而且窗户很大，油烟向餐厅飘散的可能性很小，影响不大。

另一处值得注意的是，门厅的鞋柜嵌入在了厨房的墙体里。虽然占用了一点厨房的面积，但却方便了门厅的使用。

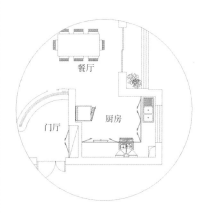

厨房面积： 8m^2

问题户型
改造实例

厨房的墙面设计烤漆玻璃，可增加厨房的阔大感，也方便日常的清洁。

状况八

"厨房的门挨着入户门，而且离餐厅很远，使用不方便"

⚙ 装修设计前的状况

　　厨房的门口、入户门以及卧室门，都拥堵在一个狭窄的过道里。这使得过道的流动非常不方便，直接影响了厨房使用的舒适度。而且，厨房的门离餐厅有一定的距离，每次都需要转弯，端菜拿饭变成了麻烦事。

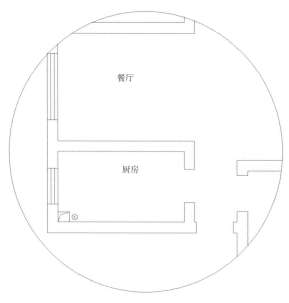

厨房面积： 8m^2

厨房设计常识

① 厨房门尽量不要设置在过道里

　　过道本身具有狭长、拥挤的特点，使用起来的流畅性不高。将厨房的门设计在过道的一侧，则会使厨房的使用变得麻烦起来。因此，遇到这种户型，首先需要思考的，便是将厨房门改换位置，增加空间流动的流畅性。

② 长方形厨房的过道宽度不能小于 0.8m

　　橱柜的宽度为 0.6m，过道的最小宽度为 0.8m，也就是说，厨房的宽度最小不能小于 1.4m，不然使用起来极为不便。当然在看毛坯房时还要注意一个问题，即贴砖所占去的宽度，要加上 0.2m。所以，厨房总的宽度不能小于 1.6m。

装修改造方案：

"挨近餐厅的一面墙改成推拉门，原有门口则用柜体封闭"

装修设计后的情况

靠近餐厅的一面墙拆除后，临近窗户的位置设计了柜体，剩下的则设计了两扇的推拉门。原有的门口位置，现在设计为门厅的鞋柜。通过这种设计改造，建立了厨房与餐厅的联系，增加了使用的便捷度与舒适度。同时，厨房里的橱柜长度没有受到损失，而且还为餐厅增加一个餐边柜出来。

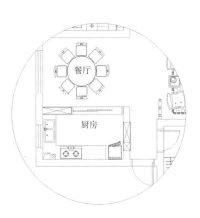

厨房面积： 8m^2

通过白色橱柜与棕色墙砖的色彩对比，可以增加厨房的纵深感。

状况九

"想把厨房改造成敞开式的，却头疼厨房的长方形格局"

⚙ 装修设计前的状况

如果保留厨房的独立性，那么里面的格局是不需要改动的，无论是门口的位置，还是里面北阳台的门，都是很合理的。但为了全局考虑，将厨房设计为敞开式的，就显得狭长了一些，不能享受到敞开式厨房那种大气的感觉。

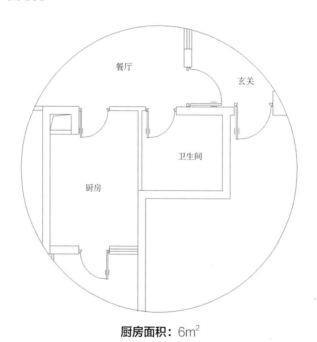

厨房面积： 6m²

厨房设计常识

① 敞开式厨房需要设计隐性分隔

隐性分隔的意思就是，通过地面材料的变化，如地板与地砖的差别；顶面的变化，如不同的顶面造型等，来使厨房的设计从其他空间中独立出来，给人一种独立空间的感觉，而实际上却是与其他空间连通的。这种设计方式，就是通过差异化，使厨房显得更加独立。

② 敞开式厨房的墙面材料，不只局限于瓷砖一种

变换厨房墙面的材料，其目的有两个。一是增加敞开式厨房的设计感与时尚感，使厨房的设计与其他空间相融合；二是使墙面便于清洁与打理。适合敞开式厨房的墙面材料有，拉丝不锈钢、烤漆玻璃、钢化玻璃以及防水乳胶漆等。

装修改造方案：

"将厨房与卫生间的墙全部拆除，重新建立敞开式格局"

 **装修设计后的情况**

　　厨房与卫生间之间的墙拆除后，实际上是将卫生间的一部分空间，挪给厨房使用了，增加了厨房的开敞度。而卫生间则是将马桶间与淋浴间独立设计，洗手池则共享给厨房。视觉上看，厨房的空间似乎很大，流动起来也很方便，可实际上，厨房的使用面积并没有扩增，只是改变了墙体的格局而已。

厨房面积： 6m²

问题户型改造实例

长方形的敞开式厨房，选择白色的橱柜，可使空间看起来更大。

状况十

"厨房和卫生间都有一个较大的门口，并且可以互通"

⚙ 装修设计前的状况

厨房与卫生间并不是相互独立的，中间有一个小的门口彼此互通。同时，厨房与卫生间又分别有两个大的门口与餐厅相连。这就导致了厨房看起来杂乱，没有自己的独立空间。而且厨房有两个门口，并没有太大的作用，在卫生间独立的情况下，只保留一个就可以了。

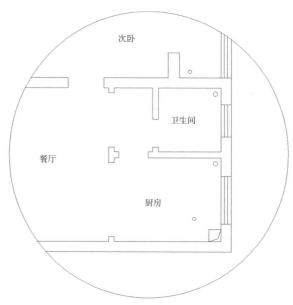

厨房面积： 6m²

厨房设计常识

① 厨房的地砖铺贴要保持一定的倾斜度

厨房的地面上会经常有积水，如果地砖的铺贴没有向地漏倾斜，积水就无法排放出去。因此，在设计之初，应先设计好地漏的位置，再将地砖统一地向地漏倾斜。当然，倾斜的程度不要太大或者太明显，因为排水只需要轻微的坡度就可以了。

② 为节省材料造价，橱柜背后可以不贴瓷砖

橱柜的定制是在铺贴瓷砖之前，也就是说，在贴墙砖与地砖之前，橱柜的安装位置就已经确定了。这种情况下，墙面靠近橱柜背后的瓷砖，就可以节省下来，不去铺贴或使用价格低的款式。因为橱柜本身有背板，可以代替瓷砖的功能。

装修改造方案：

"封堵厨卫之间的门口，使两处空间彼此独立"

装修设计后的情况

墙体砌筑共有两处区域，一是厨卫之间的门口，二是卫生间干区的外侧墙体。这样改造后，卫生间干区可以摆放下洗手柜。厨房则可以设计为 U 字型的样式，增加橱柜台面的使用面积。其中有个值得注意的细节，那便是靠近厨房门口位置的橱柜，将原本的直角边修改成弧形，提升了使用过程中的安全性。

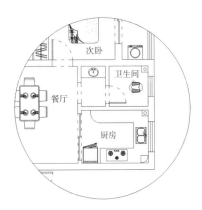

厨房面积： 6m²

问题户型
改造实例

吊柜设计成玻璃的柜门，可以拓展厨房的视觉面积，给人以硕大的感觉。

状况十一

"厨房的外面有一块无法使用的小露台"

⚙ 装修设计前的状况

这是一个常规的长方形厨房，一侧挨着卫生间，一侧挨着客厅。厨房的结构决定了橱柜只能设计成 L 形的样式。但设计橱柜，就没有摆放冰箱的地方，更不要提宽度更宽的双开门冰箱了。厨房的外侧有一块小露台，是一处封闭的、室内无法利用的空间。设计的出发点，应当思考将那里划入厨房里来设计。

厨房面积： 6m²

厨房设计常识

① 冰箱的摆放要靠近门口的位置

有些家庭，设计之初没有考虑冰箱的摆放位置，最后只能塞到厨房里。在日常使用中，拿取东西十分不方便，尤其是常吃的水果之类。考虑到这种情况，冰箱的摆放位置一定要靠近门口，使冰箱的使用不局限在厨房，餐厅以及客厅都能很便捷地使用。

② 厨房墙地面也要设计防水

厨房设计防水的面积，不需要像卫生间一样大。防水只需要设计在洗菜槽下水处的墙面、地面就可以了，通常保持在 1m 的范围。这样就可以保证厨房不会有渗水、漏水的情况发生了。

装修改造方案：

"将厨房的面积向外扩，将小露台划入到厨房里面"

🏠 装修设计后的情况

厨房的面积向外扩充之后，增加了 $2m^2$ 的面积出来，厨房的储物空间得到了满足。但值得注意的是，厨房并没有扩充到最外面，而是停止在了卫生间的窗边。这是考虑到保护卫生间的隐私，保证站在厨房看不到卫生间里的情况，使两处空间相互独立。

厨房面积： $6m^2$

🏠 **问题户型**
改造实例

冰箱摆放在厨房的
入口，方便使用。

长方形厨房，保持
充足的过道宽度很关键。

懂装修，有保障

厨房常见问题 Q&A

Q：小厨房装修的价格一般是多少呢？

A：以 $6m^2$ 面积为例，如果选择国产的整体厨房，档次较高的价格一般为 2000 元左右 / 平方米（不含电器、龙头、水槽等配件），一整套整体厨房的价格在 1 ~ 2 万元；纯进口厨房的价位较高，不妨考虑选择一些纯进口材料、国内组装的小户型整体厨房，它的价位会低很多，$13m^2$ 的小厨房最便宜的只有 2 ~ 3 万元，非常划算。

Q：小厨房选择冷色看上去会大点吗？

A：冷色有扩充空间的感觉，是小厨房主色调的首选。常见的设计是以红色或海蓝色为迎面墙的色彩，面积不要过大，更不能整面墙地涂，如果墙面超过 $3m^2$，最好用两种颜色错落有致地排开，更具表现力。工作台选用白色大理石，橱柜以白和黑反差对比用色。水龙头、锅具最好都是不锈钢或镀铬的冷色。茶具、调料瓶最好都是玻璃的，这样的厨房看上去清秀、严谨而有品位。

Q：小厨房中的角落应该怎么利用才不浪费空间？

A：小厨房要充分利用厨房中的死角。厨房死角是指厨房中像墙角的边角位，如果通过人性化的设计将其充分利用，就能达到充分利用资源的效果。一些现代化的整体厨房会通过连接架或内置拉环的方式，让边角位也可以装载物品。

Q：开放式的厨房适合中国人吗？

A：开放式厨房虽然是现在的流行设计，但是由于中国人的烹调习惯很容易弄得满屋油烟。要解决这个问题，最简单的办法就是把厨房做成半封闭式的，这样不但不影响空间的通透感，还不用放弃中国传统的烹调习惯。只封闭烹调区，烹调区是产生油烟的地方，把烹调区单独封闭起来，也就等同于把油烟也封闭起来。平时做饭时的烹饪工作就在封闭的区域里解决，而其他的洗涤、配菜工作则在外面的岛台上处理。想把厨房改造成这样，厨房空间一定要大，在厨房的一角有规则的空间，可以用来封闭，且面积足够设置烹调区。

Q：开放式厨房中，料理台多大合适？

A： 面积较大的开放式厨房，不妨选用独立料理台，因为最小独立料理台都有 90cm×60cm，最合适的料理台尺寸应为 120cm×90cm。独立式料理台不仅可当早餐台使用，下部还可做抽屉、层板放杂物。

Q：小面积的开放式厨房要注意什么？

注意问题	主要内容
换气设备要好	开放式厨房应选用不会产生太多油烟的厨房用具，因此大功率、多功能的抽油烟机是开放式厨房必不可少的"减烟卫士"。另外，在餐厅和客厅最好还要加装换气设备，以便吸走漏网的油烟
选用易清洁材料	餐厅和客厅的墙面、地面应与厨房一样选用容易清洁的材料，地面最好选用地砖、强化地板等材料，切忌铺贴实木地板，因为实木地板容易受热气影响产生变形，缝隙间也容易沾上油污
家具必须简洁	厨房、餐厅和客厅的家具无论是定做还是购买，样式一定要简单，切忌选择雕刻烦琐的中式家具、藤编、柳编类家具和布艺沙发及餐椅。这是为了防止沾染油污，便于清洁。开放式厨房的台面不应放过多的炊具，以保证其美观性
重视电路安全	开放式厨房的建筑材料一定要选用防火材料。电路一定要远离燃气线路、电源线、网线以及水管要从地下连接。开放的厨房中虽然要多留电源插座，但它们最好能隐藏于电器或橱柜的后面，否则影响美观

Q：厨房的台面可以设计成不同高度吗？

A： 厨房台面能根据不同的工作区域设计不同的高度，如洗涤区，位置较高时会比较舒适，水池可以调高 5cm；而有些台面位置较低时会更好，如果使用者很喜欢做面点，那么常用来制作面点的操作台可以将高度降低 10cm。为了使烹饪时能看到炒锅里的菜，灶台也可以略有降低。但是在橱柜的设计中也不能过分追求高低变化，特别是在较小的厨房中，过多的变化会影响整体的美观，给人杂乱无章的感觉。

Q：厨房的台面深度一般是多少？

A： 工作台面的深度一般有 60cm、65cm、70cm、75cm 四种规格，其中最普遍的是 60cm 型的，由于不同的选择会影响到使用上的便捷性，因此在决定前有必要谨慎考虑，例如一般均认为宽度较宽的类型，可使用的作业面较宽，但宽度一旦过宽，或是使用位于内侧的水龙头时会相当费力，或是手会够不到上方壁橱的把手。一方面，宽度较宽有可容纳较多物品的优点，但另一方面也有物件取放不易的缺点。为了解决这个问题，宽度较宽的类型多以抽拉式装置为主。

Q：吊柜应该装在多高的地方？

A： 145~150cm。这个高度大多数人可以不用踮起脚尖就能打开吊柜的门。

卫生间
干区、湿区分隔不明显

状况一

"主卧的卫生间采光差，给人一种昏暗的感觉"

⚙ 装修设计前的状况

卫生间呈长方形，归属于卧室。里面有一扇小的窗户，门口则紧挨着进卧室的门口。像这种卫生间的户型是非常多的，它们都有着共同的特点。一是，卫生间内采光极差，虽然有一扇小的窗户，但只能起到通风的作用；二是，因为两个门口紧挨着，进出不方便，容易发生误伤等情况。

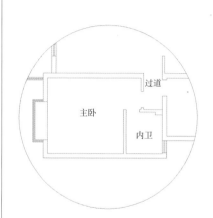

过道

主卧

内卫

卫生间面积：4m²

卫生间设计常识

① 一扇通风良好、采光充足的窗户很关键

卫生间容易产生异味，除了使用排风扇之外，窗户的通风是最重要的，其可以使卫生间内的空气变得清新。只要经常开着窗户，卫生间就能避免异味的产生。有充足的采光，卫生间就不会显得昏暗，也不用每次进去都要开灯。使用时，人的心情自然就会舒畅。

② 卫生间应根据马桶的位置，来设计并布局其他功能

马桶的排水管道粗，不容易改动，一旦改动后容易堵塞。因此，卫生间无论怎样设计，马桶的位置都是早就确定的。其他的功能如洗手台、淋浴以及浴缸等，应根据马桶的位置，来布置在合适的地方。

装修改造方案：

"更改卫生间的入口，将砖墙改变成玻璃墙"

🏠 装修设计后的情况

　　卫生间的改造，实际上是围绕着门口的位置，将砖墙拆除，再用钢化玻璃封闭起来，形成一个新的卫生间设计。拆除与改造的面积并不大，但却解决了两个问题。一是，卫生间的门不再与卧室门发生冲突了；二是，卫生间的采光增加了，里面变得非常明亮，得到了充足的自然光线。

卫生间面积： 4m²

🏠 问题户型
改造实例

　　卫生间在可以设计两个洗手盆的情况下，使用起来会更加方便。

　　浴缸适合设计在主卧的卫生间，而不适合设计在公共卫生间。

"卫生间的长宽比例不舒适，长度过长，而宽度过窄"

⚙ 装修设计前的状况

卫生间有 6m²，属于常规的面积，并不算小，但却总给人一种拥挤的感觉。产生这样的原因，是卫生间的长度过长，而宽度偏窄。同时，卫生间里面的管道特别多，在一定程度上，影响了功能的布局，需要在设计之初，就想好管道要如何处理。

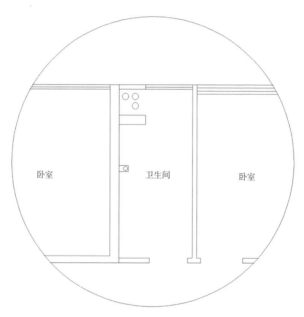

卫生间面积： 8m²

卫生间设计常识

① 狭长形卫生间，要将家具布置在同一侧

卫生间通过摆放马桶、洗手台、淋浴房等家具，会进一步缩短卫生间的宽度。因此，必须将所有的家具设计在同一侧，走路才会流畅。尤其是洗手台与马桶，如果对侧的形式设计，每次进入卫生间，就被迫要走 S 形的流动路线。

② 淋浴靠内侧设计、洗手台要靠门口设计

卫生间的家具，根据使用频率的不同，其设计的位置也就不同。洗手台是使用频率最高的，其次是马桶、淋浴房以及浴缸。因此，洗手台要设计在靠近门口的位置，而淋浴与浴缸则设计在靠里面的位置，方便日常使用。

装修改造方案：

"设计干湿分区，弱化卫生间的长度"

装修设计后的情况

干区从卫生间里分离出来，与过道等空间相通相连。而里面的湿区则依然保留空间的私密性。干区的长度一般根据洗手台的长度来确定，在1~1.5m之间。

设计干湿分区时有一个重点，那就是干区要和湿区保持同样的防水强度，不能忽略了干区的防水施工面积。

卫生间干区面积：2m²
湿区面积：6m²

问题户型
改造实例

干区虽然和湿区只有一墙之隔，但功能性却完全改变了，使用起来变得更加方便。

状况三

"小面积卫生间设计了干湿分区，日常使用拥挤"

✿ 装修设计前的状况

原始户型图里，卫生间是设计了干湿分区的，湿区有采光，而干区则没有采光。卫生间的干区面积为 $2m^2$，已经足够用了，但湿区 $4m^2$ 的面积，就显得拥挤了一些。无论是在里面淋浴，还是使用马桶，都很拥挤，转身活动也很不方便。

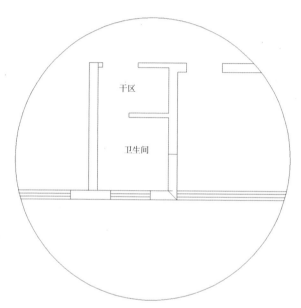

卫生间干区面积： $2m^2$　　**湿区面积：** $4m^2$

卫生间设计常识

① 小面积卫生间不适合设计干湿分区

卫生间面积本来就小，如果再设计干湿分区，那么湿区的面积会进一步缩小，无论是马桶的使用，还是淋浴间的使用，都会受到很大的局限性。遇到这种情况，首先不要设计干湿分离，然后再将洗手台设计得小一些，卫生间的使用就方便了。

② 淋浴间不要设计封闭的形式

在淋浴的时候，卫生间会产生大量的水汽。如果淋浴间是封闭的，那么水汽就无法正常排放出去，时间久了影响到人的呼吸。因此，在设计时，淋浴间的玻璃隔断设计 2m 高就可以了，上面留出 0.4m 的空白，以便水汽的扩散与流动。

装修改造方案：

"拆除干湿分区的隔墙，使其融合为一个整体卫生间"

装修设计后的情况

　　将干区与湿区之间的墙体拆除后，卫生间的总面积增加到 6m²，不再显得拥挤了。此外，根据马桶位置，洗手台与其设计在了一侧，为空间留出了流畅的过道空间。设计中有一处小细节，那便是洗手台的设计一直延伸到了马桶的上面，扩大了台面的面积。但支持这种设计的马桶是有要求的，马桶要选择那种高度低于洗手台的，或者是纯电动、不带后盖的马桶。

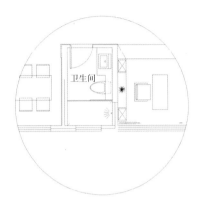

卫生间面积： 6m²

问题户型 改造实例

马桶上侧设计的台面，可以摆放洗浴用品。

淋浴间上面留出来的空白空间，就是用来排放淋浴间内水汽的。

"主卧室不需要卫生间，而客卫又过于狭长"

⚙ 装修设计前的状况

　　客卫与主卫相临，并且客卫比主卫面积大 $2m^2$。宽度上，主卧的卫生间更宽，而客卫就窄了一些。像这一种户型，因为主卫没有窗户，得不到采光，住房已经决定不要主卫了。因此，要么就将主卫拆除，改成衣帽间，要么就将主卫划到客卫里面去。

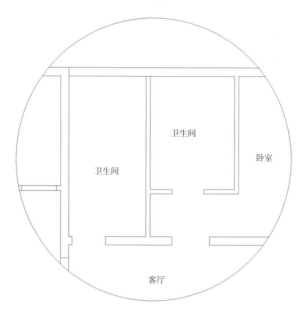

客卫生间面积: $7m^2$　　　**主卧卫生间面积:** $5m^2$

卫生间设计常识

① 没有窗户的卫生间，需要设计好排风换气系统

　　卫生间里面没有窗户，所导致的最严重的问题不是采光，因为采光可以用灯具代替，而是排风换气。如果卫生间里不能换气，里面产生的异味便无法排放。同时，淋浴也不能使用，因为水汽的产生也不能排放出去。

② 主卧卫生间需要设计门槛石，防止水流向卧室

　　卧室的地面材料通常都会选择铺设木地板，非常怕水浸泡。在主卫的门口设计门槛石，就可以阻止水流向木地板。同时，卫生间的地面要设计坡度，从门口向里面的地漏倾斜。这样也能保证卫生间的水不会流到卧室里面。

装修改造方案：

"拆除卫生间的隔墙，将两个卫生间合并在一起"

🏠 装修设计后的情况

　　拆除两个卫生间之间的墙体，并不是设计的关键之处，重点是门口的设计位置。客卫的门口封住，保留主卫的门口，然后将卧室的门向里侧移。这样设计的原因，是考虑客厅设计的整体性，可以利用那面平整的墙面，设计柜体，提升实用性功能。

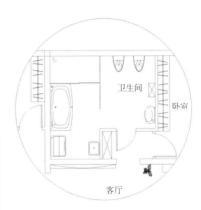

卫生间面积： 12m^2

🏠 问题户型
改造实例

　　圆柱形的洗手柜，占地面积小，实用性高。

　　大面积的卫生间内，摆放两个马桶，使用起来更加便捷。

状况五

"客卫想改成主卫，但卫生间的入口成了难题"

⚙ 装修设计前的状况

卫生间有 7m²，面积并不小，但里面的格局有一点小的毛病，就是中间有一个毫无意义的隔墙存在。现在的想法，是想将卫生间留给卧室使用，那么就需要将卫生间的门移到卧室里，然后还要不牺牲到卫生间的总面积。

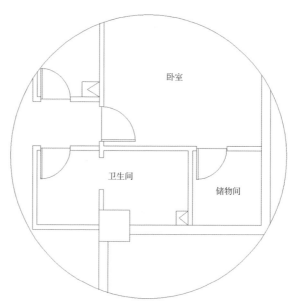

卫生间面积： 7m²

卫生间设计常识

① 卫生间不要设计开向室内的窗

有些卫生间的采光很差，里面经常是昏暗的，每次进去都需要开灯才行。有些设计方案，便是在卫生间里，开一扇面向室内的窗以增加采光。这种设计方案是不恰当的，因为这会使卫生间内的异味，传到室内的其他空间。同时，卫生间也失去了原有的私密性。

② 卫生间不要设计木制的隔墙

因为木制的隔墙厚度很小，能给卫生间节省出一些面积，就有很多家庭选择这样设计。但问题是，木制隔墙的防水性能很差，与红砖是不能相比的，时间久了，木制隔墙会发生腐烂等现象。考虑到这些可能发生的情况，建议卫生间的隔墙还是不要选择木制的好。

装修改造方案：

"将卧室里的储物间融入卫生间，实现室外向室内的转移"

 **装修设计后的情况**

　　重新改造后的卫生间面积没有发生变化，依然保持了原来的 7m²，但位置却向卧室内移动了。卫生间的门改成了玻璃门，并且安装在卧室内部。考虑到卫生间没有独立窗户，门的周围墙体，设计成了钢化玻璃的样式，以起到增加采光的效果。

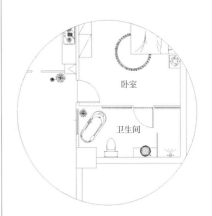

卫生间面积： 7m²

问题户型
改造实例

卫生间选择成品的浴缸，装饰效果更好，使用起来也比较便捷。

状况六

"主卫的窗户很小，导致里面的采光很差，但又没有办法更改"

⚙ 装修设计前的状况

主卫的窗户朝北，每天不能接收到阳光的直射，而且又很小。这导致了卫生间内的采光严重不足。但除了这一个问题以外，主卫整体上还是很理想的，包括门的位置，里边的长宽比例等，使布局起来变得很容易。

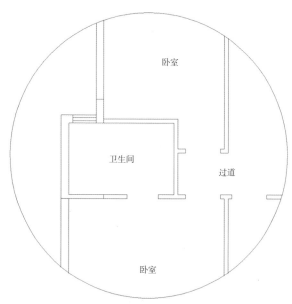

卧室

卫生间

过道

卧室

卫生间面积：5m^2

卫生间设计常识

① 卫生间的墙面防水，最好都保持在 1.5m 以上

按照正常的卫生间防水设计，淋浴区要 1.8m，洗手区要 1.2m，其他的墙面则保持 0.3m 高就可以了。但在现实使用中，水向墙面溅射的情况很多，就有可能发生渗水的情况。为避免这种情况，将全部墙面的防水都保持在 1.5m 以上，就不会发生墙面渗水的情况了。

② 卫生间的防水实验要满 48 个小时

想要检测防水涂料涂刷的质量，就是做防水试验。但有时候，地面漏水是慢性的，也就需要更长的时间来检测防水的安全性了。一般卫生间注满水 48 个小时之后，检查出来的结果是比较有代表性的，只要检查没有漏水，那就可以证明防水是成功的。

装修改造方案：

"扩大门口的宽度，将套装门改成玻璃移门"

🏠 装修设计后的情况

原本卫生间门口的宽度是 0.8m，通过改造后，宽度是 1.6m，也就是扩大了一倍。而且，门采用了全玻璃的移门，透光性更好，使卫生间可以接收足够的光源。但设计玻璃移门时也应注意，最好选择那种半通透的移门。

卫生间面积：5m²

🏠 问题户型
改造实例

选择大理石砌筑浴缸，后期不容易脱落，设计效果也比较精美。

状况七

"主卫面积小，没有摆放浴缸的位置"

⚙ 装修设计前的状况

主卫是一个长方形的空间，因为朝东，里面的采光比较好。如果里面只是设计洗手池、马桶以及淋浴房，$5m^2$ 的面积是够用的，但若想在里面设计浴缸，面积就不够用了，需要扩大面积才能实现。想要扩大面积，就需要占用主卧的面积，问题很不好取舍。

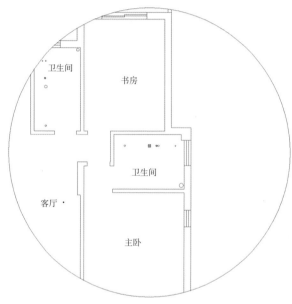

卫生间面积：$5m^2$

卫生间设计常识

① 在各种朝向的卫生间中，朝北面采光是最差的

因为中国的地理因素，太阳的绕行轨道是从东到南再到西的。也就是说，无论阳光怎样变化，都不会照射到北面。因此，朝北向的卫生间采光最差，而且里面也比较阴冷。设计时，里面最好不要设计深色瓷砖，而是使用浅色的瓷砖，来增加里面的明亮度。

② 洗手池不要设计在窗户的对侧

因为洗手池的上面要设计镜子，如果镜子面对着窗户安装，那么人在镜子里所呈现的影像是背光的，看不清自己。最好的方式是把洗手池设计在窗户的侧面，这样镜子里面的人，才可以看得更加清楚。

装修改造方案：

"扩大卫生间的面积，将衣柜移出卧室"

🏠 装修设计后的情况

之所以能实现扩大卫生间的面积，是因为卧室里不需要摆放衣柜了，在书房里设计一个独立的衣帽间。卫生间向外扩大后，面积增加了 $2m^2$。原本长方形的空间，也变成了正方形的空间，这样就可以摆放下浴缸了，而且里面也不会显得拥挤。

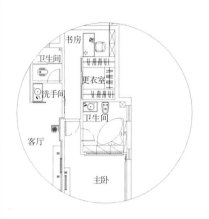

卫生间面积： $7m^2$

问题户型
改造实例

成品的弧形浴缸，里面自带的按摩系统是很好用的。

大理石砌筑的圆形浴缸，具有设计样式优美的特点，很适合大面积的卫生间。

"卫生间挨着餐厅与客厅，但想设计干湿分区"

⚙ 装修设计前的状况

　　卫生间里面的整体格局是很好的，尤其是下水道的部分设计是很合理的。其中主要的是马桶的坑位所处的位置，既不靠内，又不偏外。但卫生间本身的设计是不带有干湿分离的。因此，想要把卫生间设计为干湿分离，还要考虑餐厅及客厅怎样才能与其融合在一起。

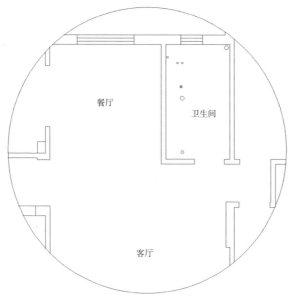

餐厅

卫生间

客厅

卫生间面积：6m²

卫生间设计常识

① 卫生间内的吊顶，要选择防水效果好的材质

　　通常情况下，卫生间的吊顶会选择铝扣板以及 PVC 扣板两种。这两种材料都是很好的防水材料。另有一种常用的是石膏板吊顶，但一定要选择防水石膏板做吊顶。不然在长时间的水汽蒸泡中，容易发生变形的情况。

② 卫生间里不适合设计吊灯

　　首先是受限于卫生间的层高，因为一般设计好吊顶后，只有 2.4m 的高度，若再设计吊灯，人在里面走路会磕碰到头部。然后是卫生间里经常产生水汽，水汽落在吊灯上，很容易脏，还很难打理。

装修改造方案：

"干区结合客餐厅一起设计，湿区则保留里面的独立性"

🏠 装修设计后的情况

干区从卫生间里分隔出来后，并不需要全部粘贴瓷砖，只要粘贴到1.5m的高度就可以了，上面可以涂刷乳胶漆或粘贴壁纸。这样就可以保证与客厅、餐厅的设计融合到一起。另外，干区的隔断选择木制的雕花隔断，也提升干区的设计感，使其丰富起来。

卫生间面积： 6m²

🏠 问题户型 改造实例

干区垭口的设计形式新颖，也能增加这部分的整体设计感。

马赛克是用来设计干区的优良材料，其具有色彩丰富、种类多样等特点。

懂装修，有保障

卫生间常见问题 Q&A

Q：怎样布置卫生间最省空间？

A：卫浴的布局，要根据房间大小、设备状况而定。有的把卫浴间的洗漱、洗浴、洗衣、排便组合在同一空间中，这种办法省空间，适合小型卫浴。还有的卫浴较大，或者是长方形，就可以用门、帐幕、拉门等进行隔断，一般是把洗浴与排便放置于一间，把洗漱、洗衣放置另一间，这种两小间分隔法，比较实用。

Q：卫生间的颜色怎么搭配看上去最舒服？

A：通常卫浴空间采用同一调和配色和类似调和配色较多，强调统一性和融合感。采用对比配色时，必须控制好色彩的面积，鲜艳色的面积要小。考虑人移动时的心理适应能力，相邻的卫浴空间要注意其连续性和统一感，色彩不宜差别太大。对材质本身的色彩和照明色彩等也必须整体考虑。一般来讲，卫浴宜使用淡雅具有清洁感的颜色。除了白色以外，常用的暖色调有淡粉红、淡橘黄、淡土黄等，常用的冷色调有淡紫、淡蓝、淡青、淡绿等。顶面、墙面要考虑用反射系数高的明色，地面则较多采用彩度低的中性灰色调。

Q：有适合小卫生间的浴缸吗？

A：小卫浴在选择浴缸是除了靠考虑尺寸外，还要留意浴缸的设计功能。浴缸的长度从 1.2 ~ 1.7m 不等，深度也在 50 ~ 70cm。长度在 1.5m 以下的浴缸，深度往往比一般的浴缸深，约 70cm，这就是常说的坐浴浴缸，在这种缸体里一般都设计有符合人体坐姿的功能线。由于缸底的面积小，这种浴缸比一般的浴缸容易站立，丝毫不会影响使用的舒适度。

Q：小卫生间里选择分体坐便器还是整体坐便器？

A：小卫浴里面最好选择分体坐便器，虽然分体坐便器比整体坐便器略高，但是其占地面积却要小很多。隐蔽水箱的设计可以节约出至少 20cm 的距离。不少品牌的坐便器长度不足 70cm，这样的坐便器绝对是小卫浴的理想选择。

Q：怎样选择坐便器，才能让坐便器"对距入座"？

A：挑选坐便器很有讲究，有人以为只要豪华外形和卫浴的墙地砖颜色匹配便可以了。实际上选择正确的孔径型号与排水方式更重要。这里要注意量好管口圆心（下水管）与墙面的距离。量准用于安放坐便器的下水管口圆心至墙面的垂直距离，然后购买相同型号的坐便器来"对距入座"。30cm 的为中下水坐便器，20~25cm 为后下水坐便器，距离在 40cm 以上的为前下水坐便器。型号稍有差错，下水就不畅。

Q：小卫生间里洗脸盆该选择什么样的？

A：洗脸盆有各种各样的形状和尺码，那些安装在角位的角盆最适合小卫浴。小卫浴里一般不倾向于安装柱盆，因为下面的柱体空间几乎无法利用，等于浪费，除非包裹在浴室柜体里，但又丧失了柱盆的意义。不如买个幅面偏窄的台上盆，省下的钱再购置一个台下柜，把不常用的卫浴用品放在里面，取用都很方便。台面上就不要利用了，安装一面大镜子，除了供洗漱使用外，还可以增加采光，拓展空间感。

Q：卫浴是斜顶的怎么处理？

A：这类卫浴要根据空间的实际情况合理地安排洁具，功能区的划分应根据倾斜的程度而定。如果卫浴是全落地式斜顶或斜顶下方特别低的话，不妨选择适合的浴缸，这样能避免倾斜的角度，大大提高空间的舒适性；如果空间足够大，人在斜顶下还可以站立活动的话，可以试试选择墙式坐便器，墙面上可设置一些收纳格，用来存放卫浴用品，从而增加空间的利用率。

Q：潮湿的卫浴间灯具要注意什么？

A：在卫浴灯具的选择上，应以具有可靠防水性与安全性的玻璃或塑料密封灯具为主。在灯饰的造型上，当然可根据自己的兴趣与爱好选择，但在安装时不宜过多，位置不可太低，以免累赘或发生溅水、碰撞等意外。因为卫浴比较潮湿，所以在安装电灯、电线时要格外小心。灯具和开关最好使用带有安全防护功能的，接头和插销也不能暴露在外。开关如为跷板式的，宜设于卫浴间门外，否则应采用防潮防水型面板或使用绝缘绳操作的拉线开关，防止因潮湿漏电造成的意外事故。

Q：卫浴间的瓷砖选择亚光的还是抛光的？

A：卫浴间的瓷砖现在多选择亚光的，太光亮的材质会给人一种不安全感，也显得很不温馨。当然，如果想要某种风格或有个人喜好，就另当别论了。如果空间比较小，偏向于用亮光，可以有一定的通透感；空间比较大时，偏向于用亚光的。

玄关及过道

常常感觉不到存在

状况一

"过道太暗，接收不到阳光"

⚙ 装修设计前的状况

　　过道空间狭长，并且连通着四个独立的空间。当四个空间的门全部关闭时，过道是非常昏暗的，在白天都需要开灯。这是一个较为严重的问题，必须要想办法提升过道的采光，以增加过道的亮度。

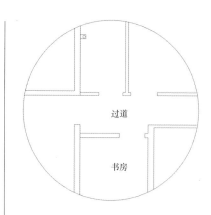

过道

书房

过道面积： 3m²

过道设计常识

① 过道里不适合设计深沉的色彩

　　过道是家庭里的流动空间，是敞开式的。这两点特性决定了过道的面积不会很大，一般都是狭长的。在设计上，只有多运用浅色调，才能弱化过道的狭长感。同时，浅色调也可以增加过道里面的亮度。

② 狭长形过道适合设计菱形瓷砖

　　狭长形过道的地面设计，只有一个重点，那就是弱化过道的狭窄感。如果瓷砖按照正常横竖拼贴的话，不会改变过道的狭长感。若设计菱形的瓷砖则不然，在视觉上会形成阔大感，能弱化过道带给人的狭长感。

装修改造方案：

"拆除书房的墙体，使阳光照进过道"

装修设计后的情况

书房的一面墙拆除后，阳光顺着书房便照射到了过道，解决了过道昏暗的问题。同时，借助书房开阔的视野，使过道变得不再狭长，而是宽敞与明亮。

另一个值得注意的地方是，经过改造设计后，过道有了端景墙，在下面摆放柜体，形成过道的主题墙，增添了过道的设计美感。

过道面积： 3m²

问题户型
改造实例

书房的折叠门与上面通透的玻璃，都为过道提供了充足的自然光源。

状况二

"过道宽大且不实用，缺乏设计美感"

✿ 装修设计前的状况

过道有 10m² 的面积，优点是面积大、不狭窄，而且卧室那边是推拉门，不缺少采光。但缺点也是明显的，10m² 的面积留给过道很浪费，如果不挪用给其他空间，这么大面积就不能都使用起来。

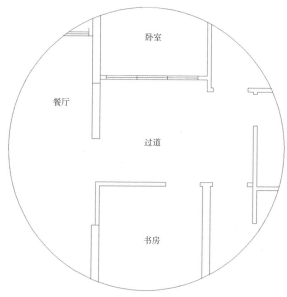

过道面积： 10m²

过道设计常识

① 不能留给过道太多的面积

过道的功能只有一个，那就是让人们舒畅地流动。这一点也就决定了过道不需要太多的面积，只够人走路的就可以了。在过道面积很大的情况下，要想办法将其划入到其他空间里面去，以起到实用性的功能。

② 过道不适合设计复杂的造型

复杂的设计造型，一是会占用空间的面积，二是设计效果抢眼。而过道不是室内的主要空间，如果设计得太复杂，会覆盖掉电视背景墙、沙发背景墙的设计效果。同时，大多数的过道，面积都是不大的，设计复杂的造型会占去很多面积，这样就显得得不偿失了。

装修改造方案：

"将过道面积划入卧室一部分，再重新规划整体形状"

 **装修设计后的情况**

过道通过设计改造后，所呈现出来的效果非常精美，是椭圆形的造型，并且地面有精美的大理石拼花。这样设计后，过道依然保留了原始的功能，同时却增加了卧室的面积，可以说是一举两得的设计方案。

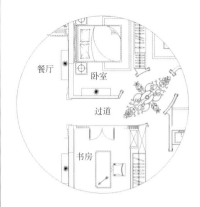

改造后过道面积： 3m^2

问题户型 改造实例

过道地面铺设马赛克拼花，视觉效果惊艳，丰富了过道的设计美感。

圆形的大理石拼花，起到了弱化过道狭长感的作用。

"玄关面积很大，不知道应该在里面增添哪些功能"

⚙ 装修设计前的状况

在原始户型图中，入户的室外阳台就是户型的玄关区。里面的面积很大，有 $10m^2$，相当于一个独立的小书房面积了。如果单在里面摆放鞋柜以及座椅，会有很大一部分面积空闲出来，无法利用。可是，若在里面增添其他功能，又不知道设计什么好。

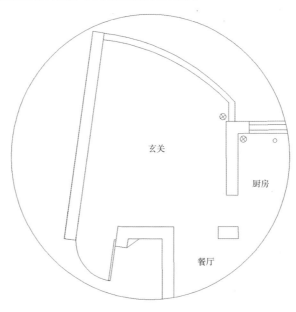

玄关面积： $10m^2$

玄关设计常识

① 大的玄关，需要设计小型休息区

一些比较大的户型中，都会有独立的玄关区。这里的设计，就不能单独摆放鞋柜，还要设计小型的休息区，需要两把座椅以及小的角几，来供人短暂的休息。从设计美感上来看，这样设计之后，玄关也会变得更加美观。

② 玄关适合种植花草绿植

玄关作为进入室内的第一处空间，在里面种植一些绿植是很必要的，可以使人们的心情更加愉悦，上一天班累了，看到玄关的绿植，也能迅速放松下来。但有一个前提条件是，玄关最好能接收到阳光的直照，这样可以使绿植生长得更好。

装修改造方案：

"设计休息区、花草区，来丰富玄关里的内容"

 **装修设计后的情况**

　　正对入户门的位置，设计了一处屏风，屏风的后面则是休息区；靠近窗户的位置，种植了大量的花草绿植；鞋柜则摆放在了靠近门口的右手边。通过三部分有序的设计，使玄关丰富了起来，而且使用起来更加方便。

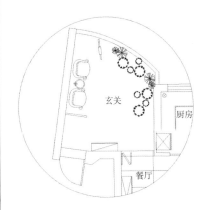

玄关面积： 10m²

　　问题户型
　　改造实例

玄关更适合种植大叶的绿植，而不是色彩艳丽的花草。

状况四

"玄关没有遮挡视线的设计，而且没有适合摆放鞋柜的地方"

⚙ 装修设计前的状况

这一处的玄关并不独立，甚至与客厅的分界都很模糊。如果有人从门口进来，会看到室内的一切，而不会受到一点阻碍，这是玄关需要解决的一个问题。第二个问题是，鞋柜没有合适的摆放位置，左手边的不方便，右手边又太窄了，放不下。

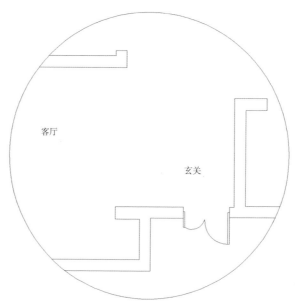

玄关面积： 4m²

玄关设计常识

① 玄关的基本功能是遮挡视线

无论是卧室、书房，还是客厅、餐厅，保护室内的隐私都是很重要的。因此，入户的玄关位置，一定要设计遮挡视线的隔断，不然就失去了玄关的意义。隔断的样式有多种选择，常见的是木制雕花格，其他的还有玻璃隔断、金属隔断等。

② 鞋柜的设计位置要方便

常看到一些家庭，因为玄关面积不够，便将鞋柜设计得离入户门很远。如果这样设计，玄关的功能就已经被消减一半了，因为换鞋将变得非常不方便。因此，在设计之初，就要先想好鞋柜的位置，再对玄关进行设计。

装修改造方案：

"设计弧形的隔断造型，同时设计嵌入墙体内的鞋柜"

🏠 装修设计后的情况

首先是鞋柜的位置，将其嵌入在了厨房的墙体里，这样就解放了玄关的空间。其次，门口设计了弧形的隔断造型，然后将入口留在了左侧。这样设计使玄关独立起来，并且起到了遮挡人们视线的作用。

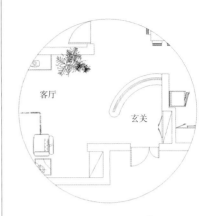

玄关面积： 4m^2

🏠 问题户型 改造实例

弧形的隔断造型，使玄关的设计，变得更加时尚且具有创意。

设计一扇小窗是为了增加玄关内的采光，使其变得明亮。

"玄关与餐厅形成了错位，导致流动不方便"

⚙ 装修设计前的状况

　　玄关处在右下角，看起来就像后接出来的一块空间一样，缺少与餐厅等空间的连通性。但玄关的优点是，面积很大，在里面设计鞋柜等实用性功能，不会受到限制。

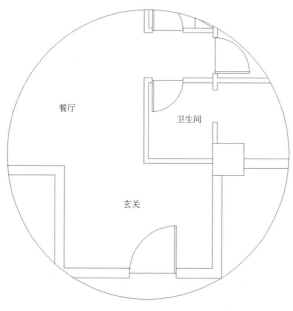

玄关面积: 6m²

玄关设计常识

① 敞开式的玄关，需要从地面及墙面设计上，寻求差别化

　　敞开式的玄关，如果不在设计上做一些特别的处理，那么将会非常没有特色，人们也不会感受到玄关的存在。一般情况下，会在地面以及墙面中设计独特的造型，形成隐性分隔，比如铺设拼花的地面，粘贴不同纹理的壁纸等。

② 玄关要有充足的光源设计

　　一般玄关所处的位置，都是接收不到自然光的，尤其是那些独立的玄关。为了解决这个问题，需要在灯光设计上下功夫。比如，在玄关设计吸顶灯的同时，在旁边设计筒灯、射灯，在墙面上设计壁灯等。

装修改造方案：

"拆除玄关前方的墙体，设计成样式精美的主题空间"

🏠 装修设计后的情况

卫生间的墙体拆除后，玄关的视野变得非常开阔，与餐厅等空间更是紧密地联系在了一起。而玄关墙面的圆形立体造型，就是为了遮挡玄关视线准备的，通过一块精美的主题空间设计，吸引人们的视觉，并形成遮挡，保护室内空间的隐私。

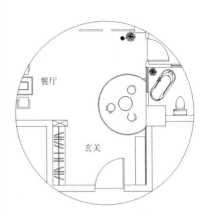

玄关面积： 6m²

通过玄关形象墙和装饰柜的设计，丰富了玄关区域的设计美感。

"玄关太长，而且有一部分空间没有用"

⚙ 装修设计前的状况

　　玄关是一处长方形的独立空间，内部面积有 10m²，属于大面积的空间。由户型图可知，从入户门经过玄关到餐厅，根本用不到玄关里面的空间，也就是说，玄关有大部分的面积是无用的，没有实际的使用价值。

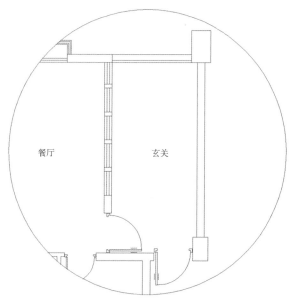

玄关面积： 10m²

玄关设计常识

① 面积较大的玄关，适合设计主题墙

　　一些面积较大的玄关，因为里面的摆设与装饰很少，缺少设计感。如果不在设计上丰富起来，就会显得单调且乏味。合适的方式是，在玄关的主墙面上，设计一个丰富的主题，以满足人们的视觉审美。

② 在合适的玄关位置设计穿衣镜

　　家庭中往往缺少大面积的穿衣镜，不便于出门前整理衣冠。如果在玄关设计一面穿衣镜，就能避免发生这种问题，还能起到扩大玄关视觉面积的效果。但需要注意的是，穿衣镜不要正对着门设计，而是应当设计在侧边的位置。

装修改造方案：

"在玄关设计一面山水主题墙，并在两侧都留出入口"

装修设计后的情况

为了增加玄关里面空间的实用价值，在内侧也设计了进入餐厅的门，这样就有两个入口进入餐厅了。同时，在门的对侧墙面，设计了一整面的山水主题墙，设计感十足，通过水池与绿植的布置，将玄关的空闲面积利用了起来。

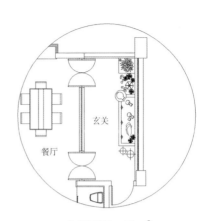

玄关面积： 10m^2

**问题户型
改造实例**

玄关主题墙的设计，在一定程度上代表了空间主人的审美品位。

玄关与餐厅、客厅设计得若隐若现，可增加整体的设计感与室内的神秘性。

"玄关里有一块内凹的空间，无法合理地利用"

⚙ 装修设计前的状况

　　入户门右手边的墙上，安装有电源总阀门，决定了那面墙无论如何是不能改动的。左手边是一块内凹的空间，似乎是多出来的一块空间一样，里面光线昏暗，并没有合适的利用办法。但是这段空间是需要利用起来的，而且还要具有实用价值才比较合理。

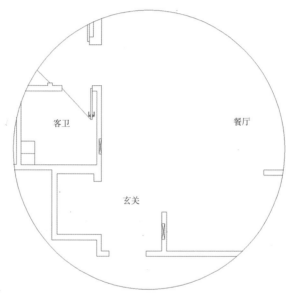

玄关面积： 5m^2

玄关设计常识

① 玄关不要设计太多的柜体

　　玄关里的柜体主要有两个作用，一是放鞋，二是挂衣服。而玄关放的鞋与衣服都是常穿的，不会太多。因此，设计太多的柜体在玄关，会有很多空间空出来，后期只能堆放杂物在里面，而杂物并不适合堆放在玄关。

② 玄关设计不能阻碍行走的流畅性

　　包括玄关里面鞋柜的摆放位置，座墩的摆放位置，穿衣镜的摆放位置等，都要设计在边角处，不能妨碍到行走的流畅性。在设计之初，可以在玄关反复地走动，以确定哪些面积需要空出来，哪些面积是可以摆放家具的。

装修改造方案：

"将洗衣机设计在玄关里，鞋柜则摆放在对侧"

🏠 装修设计后的情况

　　因为玄关"多山来"的面积很小，并不适合设计衣帽间，然后室内没有适合洗衣的地方，就将这里设计为了洗衣间，并用移门封闭起来。使用时便拉开，不用时就隐藏起来。鞋柜以及穿衣镜设计在了入户的右手边，紧靠着电源总开关的墙面。设计之后，玄关相较之前，变得更加独立与整齐了。

玄关面积： 5m^2

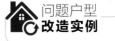

问题户型
改造实例

玄关的衣帽柜设计，要充分考虑到摆放鞋、挂衣服，以及摆放杂物的便捷性。

"虽然有玄关的面积，但与其他空间并没有明显的分隔"

⚙ 装修设计前的状况

　　除去入户门的位置，玄关的三面分别挨着客厅、餐厅以及茶室等三处不同的空间。而且，玄关与三处空间是完全互通的，没有一点隔断。这导致站在入户门口，室内的一切都会暴露出来，毫无隐私可言。

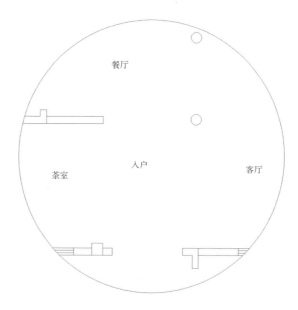

玄关面积： 15m²

玄关设计常识

① 玄关既要保持独立性，又要与其他空间保持互通性

　　玄关在设计的时候，第一要考虑的是设计隔断来阻挡视线，保护室内空间的隐私。第二要考虑玄关与其他空间舒适的流动，不能因为隔断的设计，使流通变得困难起来。如果解决好了这两个问题，可以说，玄关的设计是很成功的。

② 玄关的设计保持整体性，同时不能脱离空间的总风格

　　在设计玄关时，要根据室内总的设计风格来指导玄关的设计，使其既符合整体风格，又有自己的独特性。在具体设计时，要考虑好顶、墙、地面的结合效果，而不要只考虑墙面却忘了地面，只考虑吊顶却忘了墙面。

装修改造方案：

"建立方形的空间，将动线通道设计在两侧"

装修设计后的情况

正对入户门的位置是主题墙的设计，以及一个精美的装饰柜。而通向三个空间的通道，则设计在了玄关的两侧，一面通向茶室，一面通向客厅及餐厅。这样设计之后，玄关具有对称的美感，非常适合欧式等奢华风格的设计。

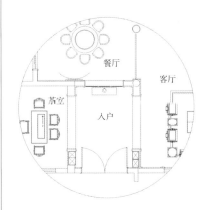

玄关面积： 15m²

问题户型 改造实例

实例一：玄关设计属于自己的地面拼花，使其更显独立，且设计效果精美。

实例二：两扇相同的垭口设计，展现了玄关的对称设计美感。

"玄关正面有一段剪力墙，位置却不正对着玄关"

⚙ 装修设计前的状况

　　玄关的正面是一段厚重的剪力墙，两侧则是通道。但剪力墙的位置显然和入户门有些偏差，正好错开了一部分，显得有些尴尬。想要把玄关设计得更合理，就必须根据剪力墙来设计，因为不能拆除它，就需要想办法将其隐藏起来。

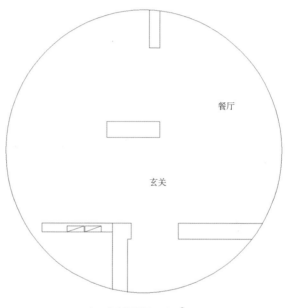

餐厅

玄关

玄关面积： 4m^2

玄关设计常识

① 面积太小的玄关，不适合封闭式的设计

　　因为玄关的面积有限，如果再将其封闭起来设计，就会显得拥挤不堪，甚至连摆放鞋柜的位置都没有，得不偿失。像这种玄关，就不要独立起来，让它与其他的空间融合起来，然后再设计隐性的分隔，来突出玄关的独立性。

② 无论玄关的面积是大是小，鞋柜是必备的家具

　　设计玄关时，首先要把实用性摆在第一位，比如方便换鞋、换衣服等；其次在考虑空间的分隔；最后考虑玄关的设计效果。因此，像一些面积受局限的玄关，只考虑好实用性就好了，想好鞋柜的设计位置。

装修改造方案：

"利用剪力墙设计端景，形成半封闭式的玄关"

🏠 装修设计后的情况

借助剪力墙，向右又延伸了一部分墙体，使玄关形成一个方形的空间。在入户门的对面设计端景，形成主题墙，两侧则作为过道使用。这样的设计样式，是最为经典的玄关设计样式。其既满足了实用性，又能遮挡视线，同时还有精美的设计效果。

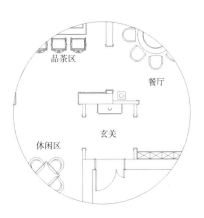

玄关面积： 4m²

问题户型
改造实例

玄关主题墙可以设计成半通透的样式，营造出若隐若现的设计美感。

懂装修，有保障

玄关及过道常见问题 Q&A

Q：玄关有哪些设计形式？

设计形式	主要内容
低柜隔断式	是以低形矮台来限定空间，以低柜式成型家具的形式做隔断体，既可储放物品，又起到划分空间功能的作用
玻璃通透式	是以大屏玻璃做装修遮隔或在夹板贴面旁嵌饰车边玻璃、喷砂玻璃和压花玻璃等通透的材料，既分隔大空间又保持大空间的完整性
格栅围屏式	主要是以带有不同花格图案的透空木格栅屏做隔断，既有古朴雅致的风韵，又能产生通透与隐隔的互补作用
半敞半隐式	是以隔断下部为完全遮蔽式设计，隔断两侧隐蔽无法通透，上端敞开，可贯通彼此相连的天花顶棚，达到浓厚的艺术装饰效果
柜架式	就是半柜半架式，柜架的形式可以是上部至中部采用通透等形式，或用不规则手段，虚、实、聚、散互为糅合，以镜面、壁龛、挑空和贯通等多种艺术形式进行综合设计，达到美化与实用并举的目的

Q：玄关家具怎么装饰最实用？

A：实用性仍然是玄关设计及家具选择的第一要素，但装饰功能和对主人生活气质的表达也成为选择玄关家具的新任务。哪怕是一两件随手的物品，随意放在入门处也会显得很凌乱，所以玄关家具的收纳功能不可忽视，抽屉柜是最佳选择，许多零碎小物可以分门别类地收存。造型美观的衣架是收纳的有益补充，它们被设计师重新包装之后，并没有从历史中隐退，如果空间允许，还是尽量放在较隐蔽之处。

许多别墅或大户型都会附带庭院，繁花绿树十分养眼，此处的玄关也可兼做休闲区，放个靠背椅或长凳，既方便换鞋，也能满足欣赏景观的需要。在门外安装庭院灯，可以方便主人夜归时使用。

Q：如何用玄关家具打造过渡区域？

A： 如果入门处的过道狭窄，就要尽量将家具靠墙或挂墙摆放，嵌入式的更衣柜是最佳选择，脚凳和镜子可以包含储物等多重功能。此处的玄关家具应少而精，避免拥挤和凌乱。过道是走动频繁的地带，为了不影响进出两边居室，玄关家具最好不要太大，圆润的曲线造型既会给空间带来流畅感，也不会因为尖角和硬边框给主人的出入造成不便。

Q：玄关的隔断多高合适？

A： 玄关的隔断不宜太高或太低，而要适中。一般以 2m 的高度最为适宜，下面可以做柜子之类，高 80cm 左右，上面可做成博古架之类，若是客厅玄关的隔断太高身处其中便会有压迫感，是非常不可取的，而太低则起不到作用。

Q：玄关比较暗，墙面用什么颜色能亮一点？

A： 清淡明亮的色调能让空间显得开阔。玄关的墙面可选用中性偏暖的色系，能让人很快忘掉令人疲惫的外界环境，体味到家的温馨、家的包容。清爽的水湖蓝、温情的橙色、浪漫的粉紫、淡雅的嫩绿都是不错的选择。

Q：阴暗的玄关，怎么才能变得活泼点？

A： 想将阴暗的玄关装点得比较活泼，最简单的办法是在墙面上挂几张照片或装饰画，再在画上加盏小灯，让它们变得更为夺目耀眼，成为玄关空间的视觉焦点。另外，插花和一些小巧的挂饰等都是不错的选择。

Q：玄关的灯一个够吗？

A： 玄关是进入室内给人的第一印象，因此要明亮一些，这样就可以避免在客人脸上出现阴影。避免只依靠一个光源提供照明，否则会把人的注意力都集中在一盏灯上而忽略了其他因素，也会给空间造成压抑感。玄关的灯光应该有层次，通过光线变化让空间富有生命力。

Q：玄关的灯在哪最合适？

A： 灯具的位置要考虑安装在进门处和深入室内的交界处，这样就可以避免在客人脸上出现阴影。灯饰的开关应在入口处紧挨门的墙上，或设成感应灯光模式，这样方便打开灯光，而不必在黑暗中摸索。

Q：如何设计玄关的灯光？

A： 一般来说，暖色和冷色的灯光都可在玄关内使用。暖色制造温情，冷色会显得更加清爽。在玄关内可应用的灯具很多，主要有荧光灯、吸顶灯、射灯、壁灯等。嵌壁型朝天灯与巢形壁灯能够使灯光上扬，增加玄关的层次感；在稍大的空白墙壁上安装独特的壁灯，既有装饰作用又可照明。很多小型地灯可以使光线向上方散射，在不刺眼的情况下可以增加整个门厅的亮度，避免低矮处形成死角。现在比较流行吸顶荧光灯或造型别致的壁灯，以保证门厅内有较高的亮度，也使环境空间显得高雅一些。总之，如果玄关没有自然采光，就应有足够的人工照明，但应以简洁的模拟日光为宜，偏暖色调能够营造家的温馨感。

Q：空间有限，无法设玄关，但又不想放弃遮挡怎么办？

A： 现代都市的住宅普遍面积狭窄，若再设置传统的大型玄关，则明显会感觉空间局促，难以腾挪，所以折中的办法是用玻璃屏风来做间隔，这样既可防止外气从大门直冲入客厅，同时也可令狭窄的玄关不显得太逼仄。

Q：怎样扩大过道的视觉空间？

A： 过道可以采用色块对比、光源的造型设计布局和地面铺贴的块阶设计来修饰过道的不足之处。整体的光源设计采用在墙体内制作平行的透光源，这样更能体现光的视觉空间感；色块上可沿用居室的主色调，从视觉上让整体环境更协调；地面的块阶设计拉进了空间的整体感。这样一来，空间就在心理上被扩大，整体视觉更有回旋的空间感。

第二章

改造王！
详解 5 种缺陷户型设计问题

没有分析好户型的优缺点就开始装修，这显然是不合理的，对业主家的装修来说毫无益处。通常在装修过后才会发现户型的缺点，比如狭长的过道因缺少自然光线变得异常昏暗，被迫在白天也要开灯。像这一类的问题在前期的户型图纸上很难体现出来，只有到装修结束、入住后才会发现户型设计中的严重缺陷，但已为时已晚。本章便帮助业主归纳出 5 种常见的缺陷户型设计问题，并总结出实用的解决办法。

缺陷户型 1
卧室偏多且占去许多面积的户型

户型设计师

杨超　　　张译丹

设计机构：尚舍设计

✖ 原始户型图存在的问题

Before

① 此处多出来一个卧室，令客厅变得非常拥挤，因为要考虑摆放餐桌的问题。

② 因为卧室多的缘故，过道也变得狭长且接触不到自然光线。

▶ ③ 卧室里的飘窗占去了一部分的空间面积，需要在设计中做合理的处理。

▶ ④ 朝南面的阳台使得卧室与客厅是连通的，缺少隐私的保护。

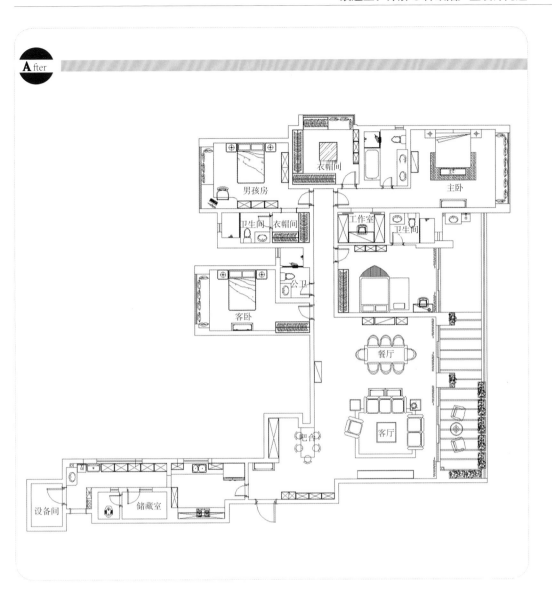

✓ 重新规划布置后的户型

将原本属于卧室空间的墙体拆除，修改成餐厅，使得餐厅与客厅形成一个连接着的、通畅的大空间。解决了卧室偏多且客厅狭小的问题；由于拆除掉一间卧室，过道也相应减少了长度，狭长感也消失了。属于一举两得的户型设计改造。

南阳台的部分则在卧室与客餐厅相邻的位置，设计了一道隔墙，以分隔出两处不同的空间，保护卧室空间的隐私。卧室内的飘窗则在窗台上做文章，使得每一处飘窗都像一处紧邻窗口的躺椅。

客餐厅

由于户型在最高层，餐厅便利用建筑的优点设计成挑高的进餐区，从吊顶上与客厅形成隐形的分隔。可以从实景图中看出，将卧室拆改成餐厅后的整体空间变得宽敞、明亮多了，并且设计效果也很出色。

餐厅

拥有独立挑高吊顶的餐厅虽然是与客厅连通的，但看起来更像是一处独立的空间。从墙面的细节设计，到独具个性的灯具选择，都体现出餐厅的与众不同。如果此处空间没有拆改，而是保留原来的卧室，那么挑高吊顶基本是浪费了。

过道

可以看出，户型修改后的过道空间已经显得不那么狭长了，虽然不能接收到自然光线，但经过筒灯照射过的过道，暖色调的灯光增添了许多的温馨感。入户门一侧的四人座长条桌，既可作为临时的进餐区，也可作为短暂的办公区使用，实现多功能使用的目的。

主卧

拥有独立衣帽间与卫生间的主卧室，里面的空间则不需要再摆放书柜、梳妆台等多余的家具，使得空间最大化地保有简洁性。颇具现代感的床头墙设计成为主卧室的设计主题，展现极具个性化的空间。

卧室飘窗

　　利用飘窗舒适的坐卧高度，在上面铺设沙发软垫及抱枕，使得飘窗变身为一处固定的"贵妃椅"，这种设计方法将飘窗完全利用起来，不浪费一点空间的面积。对于没有飘窗的卧室，则是摆设成品的书桌椅，将空荡的卧室角落利用起来。

缺陷户型 2
为了挤出餐厅的面积，而牺牲了客厅

户型设计师

杨航

设计机构：一野设计

✖ 原始户型图存在的问题

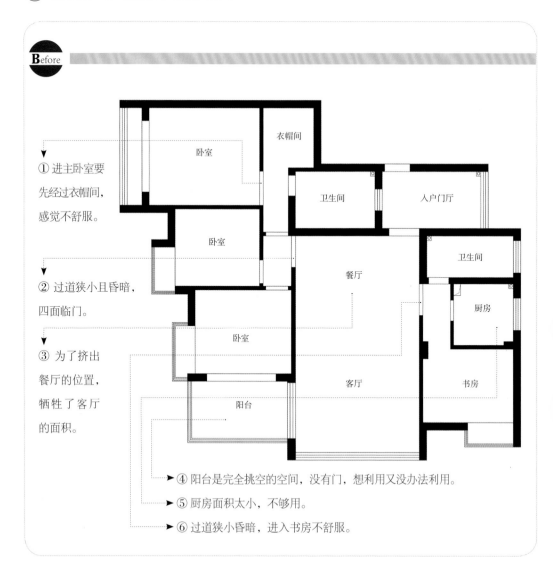

Before

① 进主卧室要先经过衣帽间，感觉不舒服。

② 过道狭小且昏暗，四面临门。

③ 为了挤出餐厅的位置，牺牲了客厅的面积。

衣帽间

卧室

卫生间

入户门厅

卧室

餐厅

卫生间

厨房

卧室

客厅

书房

阳台

④ 阳台是完全挑空的空间，没有门，想利用又没办法利用。

⑤ 厨房面积太小，不够用。

⑥ 过道狭小昏暗，进入书房不舒服。

✅ 重新规划布置后的户型

改动较大的地方集中在户型图的右面。将原来书房及厨房拆除，设计成了餐厅，而原来的卫生间设计成了厨房，入户门的门厅设计成了卫生间。实际上就是牺牲了独立门厅的面积，将其送给了客卫使用。但不能小看这半边的设计，里面涉及很多技术问题。包括门厅改客卫的下水接通问题，卫生间改厨房的排烟问题等。

户型图左面的改动集中在上下两侧。一是缩小了衣帽间的面积，使进入主卧只需要经过一个门就可以了。二是挑空的阳台，用钢结构搭建出了一个平台，并在客厅那里开了一扇门出来，使空间拥有了一处室外的小庭院。

客厅沙发背景墙

　　沙发背景墙的后面，是餐厅的空间。然而墙体并没有设计成全封闭的形式，而是在中间开出一个"大洞"来，增加了视觉的通畅性，提升了客厅的宽敞感。采用爵士白大理石包裹墙面，则突出了时尚感与空间的高贵感。

客厅电视背景墙

电视背景墙上设计的木材装饰，呼应了整体空间的北欧风主题。在材料设计上，延续了沙发背景墙所采用的爵士白大理石，突出了客厅设计的整体性。实际上，电视背景墙设计得并不复杂，但视觉效果惊艳。之所以形成这种感觉，主要得益于凹凸变化的线性设计。

过道

　　大理石墙面上的壁炉并不是装饰性的，而是真实地可以投入使用的，堆积在电视墙的木柴，就是用在壁炉里的。这种巧妙的设计，突出了空间的生活化。

过道

　　客厅里虽然用了很多的爵士白大理石，但却不显得生硬，这主要得益于过道墙面的木饰面设计。实现了软硬的相互结合，形成空间设计的无限张力。

书房

书房窗外是苏州的独墅湖，拥有极佳的视野。摆放一套餐桌椅的位置，是后搭建出来的室外阳台。通过白天和黑夜两张图的对比可以看出，即使到了夜晚，书房里面也是非常温馨的。

缺陷户型 **3**
买房子赠送的外露阳台，看着很大，却无法使用

户型设计师

陈秋成

设计机构：晓安设计工作室

✖ 原始户型图存在的问题

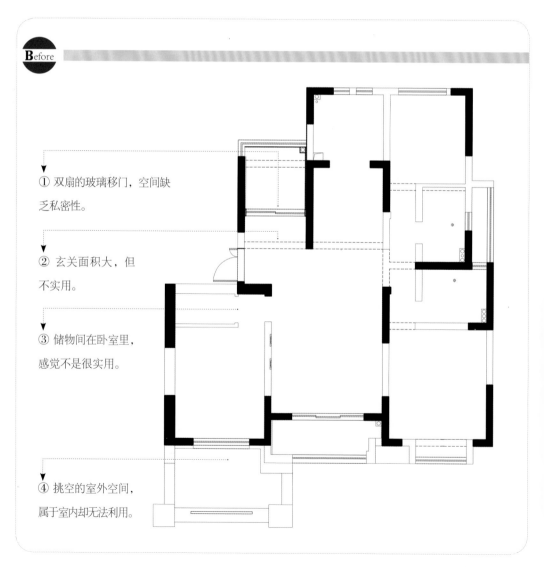

Before

① 双扇的玻璃移门，空间缺乏私密性。

② 玄关面积大，但不实用。

③ 储物间在卧室里，感觉不是很实用。

④ 挑空的室外空间，属于室内却无法利用。

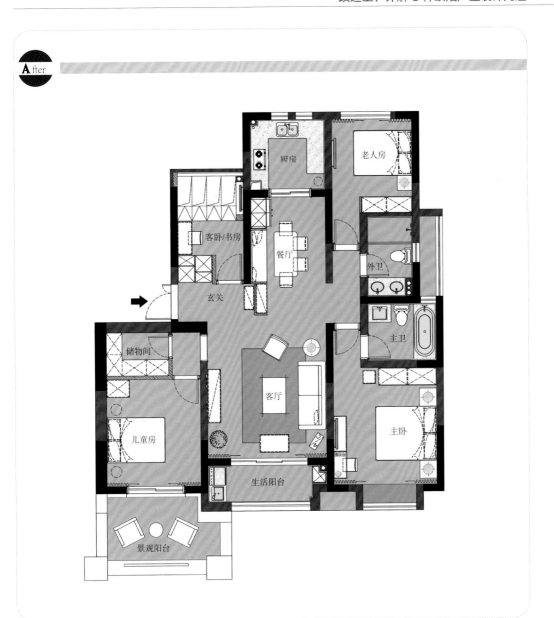

✅ 重新规划布置后的户型

　　大的改动集中在两处。一是入户门的位置，缩小了玄关的面积，并且拆除了原有的推拉门，将里面设计为书房。其中值得关注的是，鞋柜以及书柜的设计，两侧的设计既成全了玄关，又成全了书房。二是挑空阳台，利用钢结构搭建出了一个平台，使其成为一个小的休闲区。其他方面，儿童房与储物间分开来，各自有独立的门；餐厅位置利用墙边设计的座椅，节省了许多的面积出来。

客厅沙发背景墙

　　客厅内的墙面，全部涂刷有淡米色的乳胶漆，效果温馨舒适。沙发背景墙则选择了一款长幅抽象画，再搭配橙色的中式座椅及米色的沙发，共同形成了客厅的设计效果，温馨舒适又具有时尚感。

客厅电视背景墙

电视背景墙的设计，采用了印有花纹图案的壁布，再搭配质感古朴的电视柜，浓郁的美式风格便得以彰显出来。

餐厅

　　餐厅靠墙边的位置，设计贴墙的座椅，下面则是柜体。这样的餐厅设计，非常适合狭长形的餐厅空间，还能增加里面的储物空间。

卧室

　　主卧及客卧等空间，适合选择实木一类的双人床，因为普遍都用精美的床头设计。带有飘窗的卧室，在飘窗上铺上舒适的坐垫，可以营造出一个小的休闲区。

缺陷户型 4
只有框架的户型，里面所有的墙体都需要自己来砌筑

户型设计师

王五平

设计机构：深圳太合南方建筑室内设计事务所

✖ 原始户型图存在的问题

只有框架的户型图里，其实很难看出户型的天然缺陷在哪里。但有一个问题是很明显的，那就是需要专业的设计师才能处理好框架户型，如果单留给业主自己来想象，来划分，就会出现一些不必要的问题。

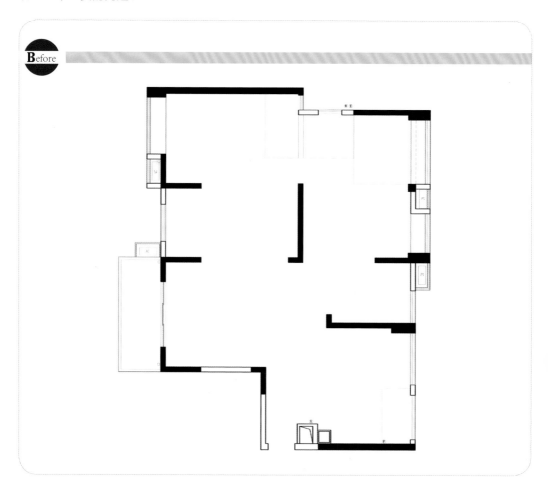

✓ 重新规划布置后的户型

考虑家庭内的实际需求，设计了三个卧室，一个厨房以及一个多功能房。其他的如客厅、餐厅以及厨房、卫生间，都是常规的配置。像这处户型的设计亮点，主要集中在主卧以及书房一块。因为那里集合卧室、书房、衣帽间以及主卫等四种功能区，书房与主卧隔着一个衣帽间，因此里面的环境是安静且独立的，不会受到主卧的影响。而且，主卧也并没有因为多设计了三个功能区，而减少一点面积。总的来说，是一处成功的户型改造。

客厅

　　通过两个相对的角度看客厅的整体设计效果，可以掌握客厅内的设计精髓。那就是墙面采用典型的欧式线条搭配壁纸及菱镜，家具则选择色彩跳跃的沙发组合，以增添客厅设计的纵深变化。

沙发背景墙

简欧的客厅设计中，在沙发背景墙上设计壁灯是很好的选择，既能起到装饰作用，又能增添客厅内的光影变化。

餐厅

因为餐厅是长方形的空间，宽度上并不是很充裕，因此在墙面上设计菱形的银镜来拓展餐厅的视觉面积。同时，青色的窗帘搭配粉色的座椅，也丰富了餐厅内的色彩变化。

卧室

　　主卧及客卧等空间，适合选择实木一类的双人床，因为普遍都带有精美的床头设计。带有飘窗的卧室，在飘窗上铺上舒适的坐垫，可以营造出一个小的休闲区。

书房及多功能房

两处空间都在地面设计了长方形的欧式地毯，这样可以增加空间内的温馨感。多功能房与书房不同的是，选择了大幅的油画来装饰空间，书房则是利用小幅的组合画，来提升空间的品位。

厨房

白色的整体橱柜搭配米色的仿大理石墙砖，总能营造出高贵的设计感。同时，若在厨房安装窗帘，百叶帘明显是更好的选择。

缺陷户型 **5**
厨房、卧室面积小，面临拥挤的问题

户型设计师

陈秋成

设计机构：晓安设计工作室

✖ 原始户型图存在的问题

Before

① 厨房面积太小，没有适合放冰箱的位置。

② 卧室偏小，床摆下后有些拥挤。

③ 因为北面有一个阳台，使得卧室的面积很小。

④ 一处独立的储藏间，不方便利用起来。

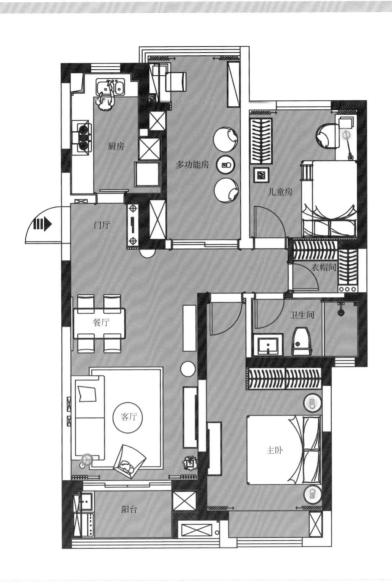

✅ 重新规划布置后的户型

改动集中在厨房与多功能房的区域。厨房向多功能房里拓宽了一段距离，然后在里面摆放冰箱，这样厨房就不会显得拥挤了。多功能房则将北阳台的推拉门拆除，融合成了一个整体的空间。儿童房面对面积小的情况，选择改变床的摆放位置，使书桌靠近窗口，行走起来也很方便。

客厅沙发背景墙

　　沙发背景墙的设计其实很简单，没有在上面设计造型，只是悬挂了一组挂画。之所以看起来具有设计美感，主要是源于沙发组合的搭配，通过色彩的变换，丰富了空间内的设计效果。

客厅电视背景墙

电视背景墙采用了条形砖的设计，并在边角处形成参差不齐的设计效果，在蓝色背景下展现出来。整体的设计非常有层次感，同时呼应了沙发的色彩组合。再搭配鹿形储物柜的点缀，使客厅整体充满丰富的设计感。

餐厅

餐厅与客厅设计在一起，为了突出餐厅的独立性，设计了餐厅主题墙。同时，餐桌椅全部选择木制的材料，也与沙发组合形成了鲜明的对比。

多功能房

多功能房里既有小孩子娱乐的空间，又有大人读书的空间，同时还设计了一面墙的柜子，里面摆放玩具、书籍及装饰品等。